U0160739

中国撸猫简史

侯印国
李嘉宇
著

中华书局

图书在版编目(CIP)数据

中国撸猫简史/侯印国,李嘉宇著. —北京:中华书局,2024.6
ISBN 978-7-101-16531-9

Ⅰ.中… Ⅱ.①侯…②李… Ⅲ.猫-普及读物
Ⅳ.Q959.838-49

中国国家版本馆 CIP 数据核字(2024)第 029666 号

书　　名	中国撸猫简史	
著　　者	侯印国　李嘉宇	
责任编辑	傅　可　刘冬雪	
装帧设计	毛　淳	
责任印制	陈丽娜	
出版发行	中华书局	
	(北京市丰台区太平桥西里 38 号　100073)	
	http://www.zhbc.com.cn	
	E-mail:zhbc@zhbc.com.cn	
印　　刷	天津裕同印刷有限公司	
版　　次	2024 年 6 月第 1 版	
	2024 年 6 月第 1 次印刷	
规　　格	开本/880×1230 毫米　1/32	
	印张 15½　字数 260 千字	
印　　数	1-10000 册	
国际书号	ISBN 978-7-101-16531-9	
定　　价	88.00 元	

序 言
一只猫唤出另一只猫，一本书引出另一本书

黄荭

　　2016年10月，华东师范大学出版社六点分社出版了我和学生翻译的法国作家、法兰西学院院士、"资深铲屎官"弗雷德里克·维杜（Frédéric Vitoux）创作的《猫的私人词典》，之后又在上海、南京、广州多地组织了多场阅读分享会。记得2017年3月12日，虽然是一个大雨滂沱的午后，五台山先锋书店的活动区还是坐的坐、站的站，挤满了人，海报上写着"我们爱猫的n个理由"，但如果爱，其实并不需要许多理由。"你选择了喵，喵选择了你。你一定会爱喵到地久到天长，喵一定会陪你到海枯到石烂……"维杜采用的"百科全书式"的写作让一个个以字母顺序排列的词条陡然有了一种天马行空、马赛克拼贴的游戏趣味。历史中的猫、绘画中的猫、文学中的猫、电影中的猫、音乐中的猫、世界各地的猫、生命中的猫……每一个知识碎片都带着一丝八卦的探究和对"喵星人"藏不住的柔情蜜意，时不时还来一点幽默和揶揄。像翻词典一样，从哪个词条开始读都可以，拿起这本书随手翻翻就能勾起读者的回忆，产生共情和遐想。那天活动现场，嘉宾但汉松、侯印国和我各自分享了很多和猫相关的个人和集体记忆，我说写一本中国人的《猫的

私人词典》应该会很有趣，我只是随口说说，纯属"猫爱吃鱼，却不想弄湿爪子"的偷懒心理，而侯印国当即摩拳擦掌表示他想写一部梳理中国猫文化史的书，我也没有太当真。

谁知道六年过去，我竟当真收到了他和李嘉宇合著的《中国撸猫简史》的书稿，图文并茂，洋洋洒洒四百多页：从先秦两汉野性难驯的"狸猫"到南北朝随佛教传入的"灵猫"，从隋朝"猫鬼"的巫蛊之术到唐代"登堂入室"的"宠物猫"，从此宋元明清"撸猫"之风从宫廷刮到民间，猫终于坐稳了"江山"。中国古典文献学出身的作者在这本书里做足了功课，不仅遍寻中国古代关于猫的专论，如署名俞宗本的《纳猫经》、署名沈清瑞的《相猫经》、王初桐的《猫乘》、孙荪意的《衔蝉小录》、黄汉的《猫苑》……还借鉴了西方动物史研究的人文视野和日本学者关于中国猫文化的著作。利用信息时代电子资源的便利，本书还在数百幅古人画猫的作品中选出近百幅作为插图，又选出两百首古人咏猫诗词作附录，让两千多年的中国撸猫史变得感性直观、生动鲜活。配的插图中给我印象最深的是台北故宫博物院收藏的易元吉的绢本《猴猫图》：画的是一只猕猴和两只虎斑猫，猕猴被系在一个小木桩上，怀里抱着一只张嘴似在呼救的小猫，而猕猴气定神闲，因为掳到了小猫而洋洋得意，另一只猫侥幸逃脱，在稍远处弓身望向它们，神色惊恐，画面情绪饱满，充满了戏剧性。

阅读这本书让我也长了不少知识，比如我们今天养猫常备的猫窝、猫粮、小鱼干，甚至猫薄荷、"红丝标杖"的高端逗猫棒，在宋人的笔记、诗词等文学作品中已见端倪。为深得主人荣宠的猫狗剪毛、美容打理的"改猫犬"服务也应运而生。《夷坚三志己》（卷第九）中记载了一则南宋临安孙三熟肉店老板偷偷将猫染成罕见颜色最终高价出售的骗局，堪称是"影帝级"的表演，令人瞠目：

　　孙三熟肉店老板家养一奇猫。孙三每出门必故意大声叮嘱其妻："都城并无此种，莫使外人闻见，或被窃，绝我命矣！我老无子，此当我子无异也！"邻人好奇，一日趁孙三外出，便偷偷拽了那条拴猫的绳索。正待他将猫牵至门口，孙三之妻恰好出来抱回了猫。此时街坊邻里终于得见奇猫，只见猫儿全身躯干四足绯红，无一杂毛，众人见之"无不叹羡"。

　　孙三归来得知猫已为邻人所见，就气急败坏打了妻子。自此关于熟肉店孙三有一奇猫的消息不胫而走，传到了官中一位正在四处搜罗好猫的内侍耳中。内侍随即派人与孙三联系，想买下红猫。先后议价四次，终以"钱三百千"成交。

　　孙三高价卖猫后，居然又痛打了妻子，并日日作出惆怅嗟叹之状。而那位得了"奇猫"的内侍喜不自胜，想着将猫调教后进献御前。岂料猫身上的红色日渐褪淡，不到半月竟成一只白猫。自觉上当受骗的内侍再去寻孙三讨要说法，而那孙三早已携妻搬离，没了踪影。众人这才反应过来，以往孙三"每出必戒其妻""痛箠厥妻""复箠其妻"，以及卖掉猫后"竟日嗟怅"种种，皆为孙三夫妇为高价卖猫而设的骗局。所谓通红之奇猫，实乃染色之效。

《中国撸猫简史》里还收录了一些让我大开眼界的冷知识，如自宋代始，家里买猫添猫非同小可，宋人买猫曰"聘猫"或"纳猫"，有一套完备的流程，各种"相猫儿法""纳猫吉日""猫儿契式"……仪式感拉满，不一而足。"纳猫如纳妾，养猫如养儿"，如果陆放翁在《赠猫》中尚有"裹盐迎得小狸奴，尽护山房万卷书"的期待，诗人胡仲弓在《睡猫》中就只剩下"瓶中斗粟鼠窃尽，床上狸奴睡不知"的无奈了。《夷坚支志》更是记载了"猫怕老鼠"的段子：

> 桐江有户人家养了两只猫，主人对它们疼爱非常，坐卧行走都带在身旁。如果它们晚上没有卧在枕边，主人就无心睡眠。有一次，一只老鼠窜到米缸里偷米出不来，婢女见状告之主人。主人听后十分高兴，便带来一只猫放进缸里。老鼠见猫以为大祸临头，吓得东突西奔吱吱乱叫，谁知猫更胆小，竟被老鼠吓退，自己从米缸跳了出来。主人把另一只猫抱来放进米缸，结果猫也跳了出来。婢女到

邻居家借来一只猫，想放进米缸咬死老鼠，可谁知邻居家的猫刚到了缸沿儿，发现里面有老鼠，吓得紧紧抓住婢女的衣服，死活不肯下去。缸里的老鼠此时无所忌惮，大大方方地吃起粮食，来人亦不再闪躲。熬到翌日，婢女实在忍不住，只好亲自拿木杖伸进米缸打老鼠。木杖一伸进去，老鼠立即顺着爬了上来，婢女大惊，连忙丢掉木杖，老鼠借机逃之夭夭。

虽是个笑话，但这则趣事也多少反映出宋代以来猫高度宠物化的真实现状。这样"没出息"的猫在后世也屡见不鲜，明人陆容《菽园杂记》中亦有记载：有户人家"白日群鼠与猫斗，猫屡却"，也是猫不敌鼠、落败而逃的"怂"样。

但阅读此书也会时不时令我生出一丝意犹未尽的遗憾，比如读到唐代张鹭《朝野佥载》中记载江西鄱阳人龚纪和族人参加科考时，家中各种动物行事诡异的故事：

> 在"唱名日"，也就是科举殿试后皇帝呼名召见的那天，龚纪家中不仅出现了牝鸡司晨的反常情况，连狗也戴上了巾帻，像人一样走路；而本应昼伏夜出的群鼠，也纷纷在白日里蜂拥而出；至于那些本来不会移动的器皿和物件，也都不在它们以前的位置。龚家人见此情形惊慌失措，马上找了巫女驱邪。就在龚家人与巫女讲述家中异象之

际，看到家中唯一没什么反常举动的猫儿正懒洋洋地躺在一边，于是龚家人稍感心安，指着猫说："家中百物皆为异，不为异者独此猫耳。"不料话音刚落，本来还悠闲躺着的猫也忍不住了，"猫立拱手言曰：'不敢！'"。"拱手"、言"不敢"这两个颇具喜剧色彩的举动，令巫女大惊失色，仓皇逃出了龚家。

一笑之余，我会更期待看到更多有关"猫妖"的传说，如明代猫妖如何修行成仙，金华猫妖的故事如何变形，如何传到海外，并对日本等国的猫妖文化产生深刻影响，最终变成2017年陈凯歌执导的改编自日本魔幻系列小说《沙门空海之大唐鬼宴》的电影《妖猫传》：当被妖猫附身的春琴身着齐胸襦裙，在窄窄的屋脊上走着猫步，用慵懒魅惑的嗓音在月光下吟唱李白的那首《清平调》"云想衣裳花想容，春风拂槛露华浓"时，演员张雨绮满足了我对大唐猫妖的想象。

又如当我读到书中谈及《杜阳杂编》和《太平广记》所引《仙传拾遗》记载的史上最早"机器猫"：唐朝一位名叫韩志和的日本友人，时任飞龙卫的军士，极善于木雕，堪称"大唐鲁班"，曾制作了一个内置机关的猫形木雕，该"机器猫"动作灵敏，甚至可以自行捉鼠捕雀，傀儡术之精湛已臻化境。我的脑海里瞬间响起那首小时候熟悉的《哆啦A梦之歌》："こんなこといいなできたらいいな……"那个可以从四次元口袋里掏出各种东西，可以帮大雄解决一切问题的"小叮当"，应该是很多中国孩子童年的梦想吧。

如果说一只猫唤出另一只猫，一本书（《猫的私人词典》）引出另一本书（《中国撸猫简史》），我会希望这样有趣的接龙游戏可以一直继续下去，可以读到清以后现当代的各种"吸猫大法"，那些年我们读过的和猫有关的书（《穿靴子的猫》《雄猫穆尔的生活观》《我是猫》《狗·猫·鼠》《猫城记》《猫事荟萃》《猫语者》《特别的猫》《屠猫记》《薛定谔之猫》《活了一百万次的猫》《拉比的猫》……），和猫有关的动画片（《猫和老鼠》《小猫钓鱼》《黑猫警长》《哆啦A梦》、"虹猫和蓝猫"系列……），和猫有关的电影（《猫女》《加菲猫》《妖猫传》《流浪猫鲍勃》……），和猫有关的各种逸闻趣事，还有那一份柔软而丝滑、若即若离却始终萦绕心头的牵绊和挂念。

几年前我在广东外语外贸大学校园里曾遇到一只白色的小奶猫，一见到我就踩着草坪边上的路牙子飞奔而来，滑了一跤又努力爬到路牙子上继续跑：

阳光

绿草

你奔跑

如雪……球

滚来

那一瞬间，我整颗心都被它萌化了。去年夏天一帮朋友攒了一个画展邀我参加，我画了两幅画，一幅是露台的红绣球蓝绣球，另一幅是南京大学校园里不像校猫"大黄一世"那么宠辱不惊、不可一世的"大黄二世"。而我非凡的"吸猫体质"还远远不止这些，在六年后收到这本《中国撸猫简史》电子版的同一天，我还收到了朱婧寄来的《被猫选中的人》和一个可爱的陶瓷招财猫。昨天在写这篇序言时收到中信出版社寄来的《所谓友谊》的样书，随手翻到一张桑贝的漫画：窗外是男主人和狗子在院子里欢腾玩耍，窗前是女主人对蹲在窗户上的猫说："别眼红，其实没那么好玩，他们的高兴是装出来的。"

我也想套用窗前女主人的话为这本《中国撸猫简史》最后吆喝一句："别眼红，其实没那么'好'看，不信你看。"

和园

2023年7月

目　录

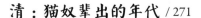

先秦两汉

未曾驯化的本土野猫

在很长一段的历史中，猫这种动物都若即若离地游走在山林郊野和先民社会的中间地带。在先秦两汉时期，它和先民之间的关系，就如同今天一些宠物猫和"铲屎官"的关系一样，大部分时间，猫都是一副高冷、不想理你的样子，但偶尔它们也会主动进入"铲屎官"的视野，撩拨一下人类柔软的心弦。

虽然无论是文献记载还是文物出土，我们在先秦两汉时期发现的和猫相关的内容，远不及另一个文明古国——古埃及——那么丰富；但只要细心翻寻，我们也能串联起先民和猫双向奔赴、互利共生的演化进程。这一时期，文献中的"猫"指的都是一种凶猛如虎的猛兽，而尚未被完全驯化又出现在人类生活中的野猫，则被称之为"狸"，不过"狸"的队伍里既有野猫，也有果子狸之类的动物，古人并不"厚此薄彼"，都请它们来捕鼠。

不过可惜的是，这些和先民有过"友好往来"的野猫，最后却并没有走入寻常百姓家。针对世界野猫和家猫起源的科学研究表明，在我国本土的野猫完成驯化之前，这个演化过程就被外来的、已经基本完成驯化的非洲野猫所打断。从非洲野猫驯化而来的家猫，大约在汉末随着佛教传入出现在了中土，并逐渐受到当时达官贵人的喜爱，而我们本土的"狸"则在那以后又隐入山林，回归原野。

那些顽强地等到出土的野猫

在鲜有文字记载的年代，猫就已经走进了先民的生活圈。过去学界一般认为，猫最早的驯化过程应当发生在公元前3000年的古埃及，以该时期为起点，古埃及保留了许多与猫有关的绘画、浮雕，甚至还有为猫下葬所用的石棺。这些文物较为连贯地展示了猫在古埃及的驯化过程。在现代家猫出现以前，古埃及最常见的猫亚种是Felis silvestris lybica，一般翻译为非洲野猫或利比亚猫，这是早期所有家猫的先祖，体型比现代家猫略大，皮毛是带斑点的黄褐色。利比亚猫可能是原始非洲野猫到现代家猫的过渡形态。

大约在旧王朝到中王朝时期，猫的驯化得以完成。梵蒂冈博物馆现今还保存着一块来自古埃及旧王朝时代第四王朝时期（约公元前2500年）的浮雕，浮雕上绘有埃及本土野猫走过纸莎草沼泽捕捉鸟类的画面。到了出土的埃及第十二王朝时期（约公元前1900年）浮雕绘画和文物中，猫的形象从平面走向三维，猫形状的化妆品罐在这一时期的文物中产生。

在第十八王朝的吐特摩斯三世统治中期，猫随主人一起外出探险，在纸莎草沼泽地中捕鸟的题材在壁画中经常出现。大英博物馆收藏的著名的《内巴蒙家庭猎鸟图》，或译《捕禽图》（出自新王朝第十八王朝时期底比斯的达官显贵内巴蒙［Nebamun］的墓室，距今约3370年）表现的就是这样的主题，

内巴蒙家庭猎鸟图（新王朝第十八王朝时期）

画中的猫正攀爬在长满纸莎草的道路上帮助主人捕鸟（据《文明》杂志2015年第8期）。

　　大约与此同时，一个拥有三只躺卧的立体猫形象的手镯，也出现在埃及新王朝第十八王朝时期的出土文物中。第十八王朝阿蒙霍特三世时期（约公元前1390—前1353年），一个写着"猫将不朽"的石棺，展示了这一时期一只埃及宠物猫的无上尊荣。这个石棺中的猫，是阿蒙霍特三世的儿子图特摩斯王子的爱宠。石棺上刻画的图腾中，除了有象征生命的伊西丝女神，还有这只宠物猫死后在另一个世界享用精致食物的场景。

　　猫在古埃及被赋予神性，享有神圣而崇高的地位。古埃及人认为太阳神拉（Ra）以大公猫的形态现身，开创了世界，在《死亡之书》中他化身为猫，杀死了阻止太阳东升西落的恶蟒阿波菲斯（Apophis）。另一位与猫科动物相关的神灵是战争女神塞克迈特（Sekhmet），外形狮首人身。塞克迈特又演变出著名的猫神巴斯特（Bastet）。

　　虽然古埃及成为了最早驯化猫的文明，但是为驯化猫而努力的民族，并不止古埃及。20世纪80年代，考古学家们在距离

图特摩斯王子爱猫的石棺

埃及国境以北400公里的地中海岛国塞浦路斯，发现了一个古老的人猫合葬墓，墓中有一具完整的猫骨架被埋在距离人类骸骨40厘米之外的地方，据研究是一只8个月大的小猫。猫头朝西放置，与人摆放的位置一样。考古人员对骸骨周围沉积物的研究表明，这个人猫合葬墓可以追溯到距今9500年左右。有理由相信，在一万年前的中东地区，人和猫已经结成了某种有意义的联系。

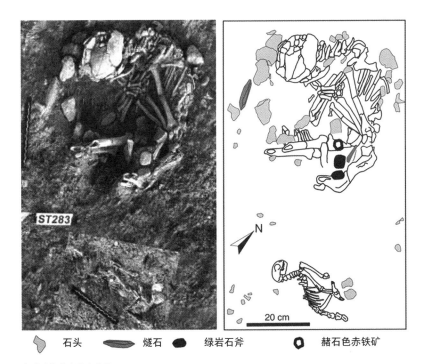

塞浦路斯的人猫合葬墓

图片来源：Vigne,J.D.,Guilaine,J.,Debue,K.,Haye,L.,&Gérard,
P（2004）.*Early Taming of the Cat in Cyprus*.Science,304（5668），pp.259-259.

而在我国境内，对原始社会活动遗址的考古活动中也发现过不少猫与人类产生交集和互动的类似证据。如西安半坡遗址中曾发现一个猫科动物的左下颌，是大小和家猫类似的狸。它虽然出现在人类的生活中，但还是一只野生动物。在临潼姜寨遗址也发现过类似的骨骼，大小和半坡遗址相同。考古学者认为这种野猫以鸟类为食，但也会盗捕家畜。

2013年，《美国国家科学院院刊》刊登了中科院胡耀武教授及其团队关于陕西省泉护村仰韶遗址中发现的两具猫骸骨的研究报告。对这些猫骸骨的骨胶原蛋白进行了同位素的分析后，专家团队认为，泉护村遗址中出土的这两只猫科动物，生活在距今5300多年前的新石器时代。在生前，它们都摄取了较多数量的C_4类食物，这与当时人类大量种植粟类作物的农耕文化密切相关（据中科院《古脊椎所发现驯化过程中猫与人共生关系的最早证据》）。作为纯肉食动物的猫科动物，改变自然习性，大量进食粟类食物的行为，表明了他们生前也许长期在先民的生活圈内觅食，且并不排除开始接受人类投喂的可能。这也意味着，先民和野猫的双向奔赴进程开始得比我们想象得更早。早在新石器时代，他们之间就已经初步建立起了基于保护农田和粮食、抵御鼠类等小型啮齿类动物的共生友谊。

农业是经济的基础。在新石器时代，农业的发展推动人类形成定居意识，定居又进一步促进了农业的发展，形成互相促进的态势。随着农业收获的增加，人们在口粮之外有了节余的粮食，于是发明出窖穴来收藏剩余的粮食果实。例如西安半坡村发现的115号窖穴，收藏的已腐朽的谷物皮壳多达数斗。随着窖穴储藏的流行，老鼠就成为了人们的重要敌人，人鼠斗争开始变得激烈。后世《诗经》中有"穹室熏鼠，塞向墐户"的诗句，意思就是堵住老鼠洞，用烟熏死老鼠，这种防鼠方式可能出现得很早。一些大型储物陶器的出现，也和防鼠有关。直接堆放在洞穴中的粮食太容易遭到老鼠的光顾，迫使人们发明了一些仓储型的陶器。然而老鼠的繁殖能力很强，在人类周边，大量的老鼠依然顽强生活，这吸引了野猫的注意。除了老鼠，人类遗弃的垃圾堆对猫也是重要的诱惑。这些食物来源使得猫逐渐适应和人类在接近的空间半径内生活。当然，这种伴生关系，还很难认定为猫已经被我们的先民驯化。

《诗经》里面有只猫？

《诗经》中有一处提到"猫"，经常被认为是最早关于猫的文字记录。《诗经·大雅·韩奕》中，有这样一段：

> 蹶父孔武，靡国不到。为韩姞相攸，莫如韩乐。
>
> 孔乐韩土，川泽訏訏，鲂鱮甫甫，麀鹿噳噳，
>
> 有熊有罴，有猫有虎。庆既令居，韩姞燕誉。

《韩奕》是一首对西周时期韩侯国首领的颂词。韩侯国是西周分封的诸侯国之一，毗邻燕国。《韩奕》的这一段借用蹶父选婿韩侯的事件，来称颂韩侯国优渥的自然水文条件和富饶的物产。"川泽訏訏，鲂鱮甫甫"指的是其境内水域密布，水产丰富；"麀鹿噳噳，有熊有罴，有猫有虎"指的是韩侯国盛产各类珍贵动物的皮毛。

不过，这里的"猫"不是体型类似家猫的野猫，更不是被人类驯化、登堂入室的家猫，而是与熊、罴、虎等归为一类的凶猛野兽。东汉郑玄《诗》注中说："猫，似虎，浅毛者也。"《尔雅》云"虎窃毛谓之虦猫"，郭璞注"窃，浅也。《诗》曰：'有猫有虎'"。这里所说的"猫"，是一种毛短类虎的猛兽。《尔雅》又记载"狻麑，如虦猫，食虎豹"。这种长得像虦猫的动物狻麑，郭璞注中认为就是狮子，"即狮子也，出西域。汉

顺帝时，疏勒王来献犎牛及狮子。《穆天子传》曰：'狻猊日走五百里'"。

《诗经》中的这只猫不是今天的猫，古今学者大都有共识。宋人陆佃曾认为这里的猫就是捕鼠之猫，受到其他学者的普遍反对。明人冯复京《六家诗名物疏》中认为："按释兽之文，猫即虎之浅毛者，以上下文熊罴虎类之，知是猛兽，非捕鼠之猫也。"清人顾栋高《毛诗类释》中直接反驳陆佃："熊罴猫虎皆山中猛兽，害人之物，严粲曰四者能为人患。如陆氏说，则是家畜之猫尔，岂可与三者并列乎？今世山中有虎能伤人畜，人呼为山猫，若真虎则不多见。意当如白虎、黑虎，如魋魖之类耳。"清人姚炳《诗识名解》中也说："其状必狰狞异常物，而乃以寻常捕鼠者当之，真鄙琐之见矣。且捕鼠之猫何地蔑有，而独韩以为乐耶？"清人陈启源《毛诗稽古编》中也说："猫，非捕鼠之猫。"

应该说，在这一时期，凡典籍中所记载的"猫"，都不是今天我们认知中的猫。东汉许慎所著的《说文解字》"豸部"对"猫"字有过阐释："猫（貓），狸属，从豸，苗声。"即猫是狸的一种。接下来，许慎在同一部首中又对"狸"进行了阐释："狸（貍），伏兽，似貙。"而"貙"这种动物，郭璞在对《尔雅·释兽》的注中说："今貙虎也。大如狗，文如狸。"可见从猫到狸再到貙，那时所说的猫应该是一种较现在的家猫体型更大，且具有与猛虎同等攻击性的猫科动物。《逸周书·世俘解第四十》中也提到过猫："武王狩，禽虎二十有二、猫二……鹿三千五百有八。"这里说的是周武王狩猎时捕获的野兽数量，其中老虎二十二头，而猫却只有两只，这里的猫是类似虎的猛兽。根据以上种种线索，有人猜测先秦古籍中凶猛的"猫"，也许是分布在亚洲东部和南部常绿森林里，并广泛活跃在我国境内的云豹。云豹是大型猫科动物中体型最小的一种。也有人认为是山猫、猞猁之类，不过这些猜测显然都无法完全得到学术证实。

《诗经》中的"猫"是大型野兽，而今天的家猫一类的动物，在当时往往称之为"狸"。

先秦时期，野猫并没有被人们驯化，在大部分典籍中，"狸"是和人类生活有交集、能够捉老鼠的野猫。《吕氏春秋·仲春纪第二》中说"以狸致鼠，以冰致蝇，虽工不能"。《韩非子·扬权》中说"使鸡司夜，令狸执鼠，皆用其能"。西汉的典籍中也多将野猫称之为狸，如《说苑·杂言》中有"骐骥騄駬，倚衡负轭而趋，一日千里，此至疾也；然使捕鼠，曾不如百钱之狸"的记载。《盐铁论》有"鼠穷啮狸"的记载。在西汉时期，人们和野猫的互动更加频繁，甚至把捉捕的野猫在市场上销售，作为捕鼠的重要工具，这也可以看作是当时人们尝试驯化野猫的努力。但需要注意的是，在古人的语境里，"狸"不仅仅指野猫，也包括其他动物，如猫狸、虎狸、九节狸、香狸、牛尾狸（玉面狸）等等。明代李时珍《本草纲目》

（卷五十一·兽部）中总结说：

> 狸有数种：大小如狐，毛杂黄黑，有斑，如猫而圆头大尾者为猫狸，善窃鸡鸭，其气臭，肉不可食。有斑如貔虎，而尖头方口者为虎狸，善食虫鼠果实，其肉不臭，可食；似虎狸而尾有黑白钱文相间者，为九节狸，皮可供裘领，《宋史》安陆州贡野猫、花猫，即此二种也。有文如豹，而作麝香气者为香狸，即灵猫也。南方有白面而尾似牛者，为牛尾狸，亦曰玉面狸，专上树木食百果，冬月极肥，人多糟为珍品，大能醒酒。张揖《广雅》云：玉面狸，人捕畜之，鼠皆帖伏不敢出也。

可见被古人请来抓老鼠的，不一定是野猫，也可能是其他野生动物。例如被人捉来用于捕鼠的玉面狸，就是今天俗称果子狸的动物，是灵猫科、花面狸属的食肉动物。古人偶尔也将狐狸称为狸，但不多见，一般是将其简称为狐，或直接称狐狸。

猫被作为能捕鼠的野猫的代名词，出现很晚，大约是在东汉三国时期，很可能是受到佛教译经的影响。《礼记·郊特牲》中"迎猫，为其食田鼠也"，说的是不是野猫，下文中还会讨论。

《庄子·逍遥游》中记载庄子跟惠子说："子独不见狸狌乎？卑身而伏，以候敖者；东西跳梁，不辟高下；中于机辟，死于罔罟。今夫斄牛，其大若垂天之云。此能为大矣，而不能执鼠。"大意是："难道你没见过野猫吗？身体匍匐在地上，等待那些出洞觅食或玩乐的小动物。它们东跳西跃，一会儿高一会儿低，一旦陷进猎人的圈套，必死无疑。还有牦牛，身体像天边的云，这样的个子够大吧，却不能捉老鼠。"《太平御览》中所引《尸子》，有"使牛捕鼠，不如猫狌之捷"，显然是从《庄子》这段文字所化出，只是将"狸"改为"猫"，这是后代人修改过的痕迹。

汉代东方朔曾在《答骠骑难》中用猫来讽刺大将军霍去病："干将莫邪，天下之利剑也，水断鹄雁，陆断马牛。将以补履，曾不如一钱之锥。骐麟騄耳蜚鸿骅骝，天下良马也，将以捕鼠于深堂，曾不如跛猫。"就算你是千里马，如果让你在深宫里去捉老鼠，那就连个瘸腿的猫都不如。这段文字明确出现了"猫"字，而且和捕鼠联系在一起，似乎是猫在西汉就被称为猫的证明。但是这段文字被归为东方朔的作品，目前所能见到的最早出处是唐代欧阳询所编的《艺文类聚》，所标注的出处是《东方朔传》。但这段文字并不见于《汉书》东方朔本传，所以这里的《东方朔传》并非是《汉书》本传，而是一部已经失传了的关于东方朔的传奇记录，类似的作品大多是南北朝时的作品。另外值得注意的是，这段文字和西汉刘向《说苑·杂言》中的"骐骥騄駬，倚衡负轭而趋，一日千里，此至疾也。然使捕鼠，曾不如百钱之狸。干将镆铘拂钟不铮，试物不知，扬刃离金斩羽契铁斧，此至利也。然以之补履，曾不如两钱之锥"几乎一样，显然是从后者改写而来。《说苑》的文字受到了《庄子·秋水》"骐骥骅骝，一日而驰千里，捕鼠不如狸狌"的影响，但只是取其意，《东方朔传》则完全是对《说苑》文字的抄袭，只是《说苑》中的"狸"被改成了"猫"。

猫被广泛地称之为猫，是在魏晋南北朝时期。本章中还有一节讨论《孔丛子》中记载的孔夫子为猫弹琴的故事，其中便使用了"猫"字，事实上《孔丛子》是三国时魏人所作的伪书。

有意思的是，也许是由于当时的野猫野性难驯且较难捕捉，先秦两汉时期还保留着"狗拿耗子"的传统。《吕氏春秋》就记录了齐国的一个"善相狗者"，受邻人委托要去寻找一只会捉

四川绵阳三台金钟山汉代壁画中
的狗拿耗子图像

耗子的狗。一年后，他终于为邻人寻来了这只"良狗"。但是在邻人家养了数年，"良狗"却从未捉过老鼠。相狗者说，正是因为这是只好狗，所以它的志向在于捕猎獐、麋、野猪等野兽，而不是小小的鼠辈；如果想让它捉老鼠，就得捆住它的后脚，让它不再有野心和奢望。邻人听了，果真捆住了良狗的后腿，狗也真的从此开始捉老鼠了。

在位于四川绵阳三台的金钟山汉代崖墓群中，也出土过"狗拿耗子"的画像砖。不过，在同时代的徐州凤凰山汉墓祠堂石刻中，拿耗子的主角又回到了猫。比起身为杂食动物的狗而言，猫这种肉食动物是小型啮齿类动物的天敌，的确比狗更适合承担捉拿耗子的重任。

接一只猫来祭祀?

猫在古埃及不仅得到了较早驯化，其地位也十分尊崇。在古埃及神话中，由母猫化身的猫神巴斯特（Bastet），是土地丰产和身体康复之神，始终被古埃及人所崇拜。巴斯特这两项神力，可能也源自于猫善于捕鼠的能力：它们不仅保护了人们赖以生存的粮食资源，保卫了人类的丰收成果，也截断了许多依靠鼠类传播的疾病，保护了人类的健康。

有学者认为，在先秦两汉时期的中国，猫虽然并不像在古埃及那样能广受崇拜，但也是祭祀时不可或缺的迎祭对象。事实果真如此吗？我们来一起看看《礼记》中的相关记载。

《礼记》中确实记载了先秦时期人们迎猫而祭的传统。《礼记·郊特牲》篇说：

> 伊耆氏始为蜡。蜡也者，索也，岁十二月，合聚万物而索飨之也。蜡之祭也，主先啬而祭司啬也，祭百种以报啬也。飨农，及邮表畷、禽兽。仁之至，义之尽也。古之君子，使之必报之。迎猫，为其食田鼠也。迎虎，为其食田豕也，迎而祭之也。祭坊与水庸，事也。曰："土反其宅，水归其壑，昆虫毋作，草木归其泽。"皮弁素服而祭。素服，以送终也。葛带、榛杖，丧杀也。蜡之祭，仁之至，义之尽也。黄衣、黄冠而祭，息田夫也。野夫黄冠。黄冠，

草服也。

八蜡的祭祀传统始于伊耆氏，也就是神农，也有人认为伊耆氏指的是帝尧。蜡是祭名，于每年十二月举行，合聚万物之神而祭之。行蜡祭还当聚民于学校以行饮酒礼，行饮酒礼当设宾、主，孔子就曾参加蜡祭并做了饮酒礼上的宾客，并在参加活动后提出了著名的"大同"理念。

八蜡实际上就是在每年的年终，聚合八位有助于土地丰产的神灵，祭祀他们以祈求来年风调雨顺。所谓八神，依据《礼记》中的这段文字，应当是先啬、司啬、百种、农、邮表畷、禽兽、坊、水庸八者（郑玄认为是先啬一、司啬二、农三、邮表畷四、猫虎五、坊六、水庸七、昆虫八，张载则认为是先啬一、司啬二、农三、邮表畷四、猫虎五、坊六、水庸七、百种八，因为昆虫是为害者，不当祭。还有学者将猫与虎分为二，去掉百种或昆虫。详见宋代卫湜《礼记集说》卷六十六）。先啬是最早教民稼穑者，就是传说中神农氏一类的人物。司啬是掌管农事的官，如后稷。百种是掌管各种谷种的神。农指农官田畯。邮表畷，是指田畯在田间居以督促农民耕作的房舍。禽兽，就是猫、虎之类。坊即堤防，可用来蓄水、障水。水庸，就是水沟，可受水而泄之。在这场祭祀中，祭祀会戴皮弁、穿白衣而祭。穿素服白衣，是以此为万物送终之意。又要系着葛制的经带，拄榛木做的丧杖，这都是降等的丧服。蜡祭，体现的是仁至义尽。而参加祭祀的农夫则穿黄衣、戴黄冠而参加蜡祭，寓意是让农夫得到休息。

猫、虎在这一传统中，是禽兽的代表。至于人们为何选择将猫、虎列为八蜡祭祀之神，理由也很充分，因为"迎猫，为其食田鼠也。迎虎，为其食田豕也"，猫神会帮助先民清理危害粮食的老鼠，而虎神则能捕杀毁坏农田的野猪。

前面已经提到，先秦两汉的文献中，捕捉老鼠的野猫往往称之为"狸"，当时说的猫是一种野兽，唯一记载猫食田鼠的，就是《礼记》中的这一段文字，因此值得深入分析。郑玄注说"迎其神也"，孔颖达又解释郑玄注，进一步说"恐迎猫虎之身，故云迎其神而祭之"。郑、孔的解释，显然也是将猫、虎都视为野兽，因此强调在祭祀的时候，并非真的迎接猫、虎真身，而是使用画像之类的媒介招引它们的神。北宋苏轼则推测，祭祀中"迎猫则为猫之尸，迎虎则为虎之尸"，如果这里的猫是普通野猫，恐怕完全不用多此一举。事实上八蜡祭祀的八神中，猫、虎只是禽兽的代表，孔颖达说："禽兽者，即下文云猫虎之属，言禽兽者，猫虎之外，但有助田除害者，皆悉包之。下特云猫虎，举其除害甚者。"猫、虎所谓捕鼠食猪，只是一种概说，两宋之际的方悫说："鼠之与豕，皆足以为田之害。而猫与虎能食而除之，迎其神而祭之，则所以报之也。"（《礼记集说》卷十一）

《礼记》文本中，也大量出现了作为野猫的"狸"，如"狸首之班然，执女手之卷然""不食雏鳖。狼去肠，狗去肾，狸去正脊，兔去尻"。当时有一首诗名为《狸首》，会在郊射礼等射箭相关的仪式时演唱，现在已经亡佚了。《礼记》中有所谓"左射《狸首》，右射《驺虞》""天子以《驺虞》为节，诸侯以《狸首》为节"，《狸首》是和野猫有关的诗，《驺虞》是和老虎有关的诗，这或许和《诗经》"有猫有虎"的记载也有某种关联，有待进一步考证。不论如何，如果《礼记》中迎猫而祭的对象确实是野猫的话，大概率也应该写成"狸"。

总的来说，这里的猫和虎一样，也是偶尔出没在人类生活中的野兽，并非是小型的野猫，古人也大都不认为《礼记》中的猫是野猫。明朝张岱《夜航船·四灵部·猫》中便说："（猫）出西方天竺国，唐三藏携归护经，以防鼠啮，始遗种于中国。故'猫'字不见经传。《诗》有'猫'，《礼记》迎'猫'，皆非此猫。"

汉墓里出土的狸猫周边

2021年，出土于山西运城垣曲北白鹅墓的五件猫爪形文物，曾引起过全网爱猫群众的热议。网友直呼这是史上最萌的出土文物，并坚信这就是古人最早的"撸猫"例证。

不过考古研究表明，该墓葬群应当追溯到周代至春秋时期，前文已经论及，这一时期的"猫"，还是一种和熊、罴、猛虎处于同一地位的野兽，所以这五件形似"猫爪"的饰品，其实并非古人的"撸猫"证据。大部分考古研究者认为，它们更应该被视作熊掌。

如前所述，作为野猫的"狸"在秦汉时期早已是进入了人类生活、善于捕鼠的动物。《韩非子·扬权》中提及"狸"时，已经将这种动物与司晨之鸡置于同一个场景，"使鸡司夜，令狸执鼠，皆用其能"。后人所辑吴起所著《吴子》，也有"犹伏

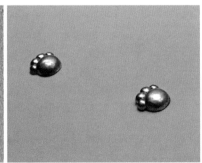

出土于垣曲北白鹅墓的猫爪形文物

长沙马王堆一号汉墓出土的彩绘猫纹漆盘

鸡之搏狸，乳犬之犯虎，虽有斗心，随之死矣"之语。《吕氏
春秋·不苟论》则云"狸处堂而众鼠散"。《庄子·秋水》中说
"骐骥骅骝，一日而驰千里，捕鼠不如狸狌，言殊技也"。到了
西汉刘向所著的《说苑》中，"狸"还拥有了身价："然使（骐
骥骓骊）捕鼠，曾不如百钱之狸。"秦汉时期人们为了对付鼠
患，已经开始捕捉狸猫进行市场交易，狸猫更加深入了普通人
的生活。因此，在汉代的陪葬器物中，我们便可以看到众多狸
猫的曼妙身姿。

在著名的长沙马王堆汉墓中，曾出土过几百件工艺精湛、
纹案鲜丽、保存完好的漆器。漆器中使用的漆，是从漆树上采
出的天然漆，和今天常见的化工油漆不同，称为"国漆"或
"大漆"。古代的漆木器大多是红黑两色，黑色是大漆的本色，
红色是往漆中掺入朱砂而成。据发掘报告，马王堆汉墓发现的
这批漆器的彩绘纹饰华美，种类多样，主要包含几何纹、龙凤

云鸟花草纹和写生动物纹三种类型。

马王堆漆器上绘制的写生动物纹，大多为狸猫纹和龟纹，少量绘有蛙、鼠、犬、鹿等。其中，狸猫纹在一号墓出土的十件食盘以及三号墓出土的二十件食盘和三件漆奁的表面均有发现。在一号汉墓出土的这件彩绘猫纹漆盘内部，用类似近代写生线条的笔触刻画了三只狸猫，这些狸猫都睁圆了双眼，竖直了耳朵，一条长尾或垂带在身旁，或垂直于地面。在另一件漆盘上画有四只猫，一只居中，其余三只在底部靠近内壁转折的地方。猫的图形是红漆单线勾勒，内涂灰绿色漆。可以看到猫的耳朵、胡须、嘴巴、眼睛、爪子、牙齿和猫毛，都用极细的红色线条勾出，特别突出了长长的尾巴和大大的眼睛，显得灵活、生动。

作为食器的漆盘，大都是用木作胎，木胎上裱麻布后髹漆。在部分漆盘内壁底部的中心，除了刻画了一些形似狸猫的写生动物纹外，还刻画有"君幸食"的字样，故而今天我们也将这些漆盘称为"君幸食狸猫纹漆食盘"。"君幸食"的意思就是"请您吃好"。马王堆出土的漆器羽觞等文物上还写有"君幸酒"三个字，就是"请您喝好"的意思了。

三十多个漆食器上，一共刻画了一百多个狸猫纹，形象生动且无一雷同。为何会出现这么多的狸猫图案呢？这应该和当时的饮食习惯有很大关系。

秦汉时期，贵族用餐时习惯踞坐。这是一种双膝跪地、挺

汉墓壁画《宴饮观舞图》(局部)

直上身、身体靠在脚跟上的坐姿。河南省密县打虎亭东汉墓壁画《宴饮观舞图》就展示了汉代贵族跽坐宴饮的场景。

因为"跽坐"的习惯，秦汉乃至魏晋时期的家具承案都非常低矮，加上食器基本为敞口的器皿，很容易遭到鼠类、蛙类等动物偷食。而在食器上刻画狸猫纹，实际上是人们希望这些画上去的猫，能够对偷食的动物起到威慑效果，代表着当时人们对饮食安全的希冀。

除了马王堆出土的漆食器外，位于甘肃武威的磨嘴子汉墓群也出土过狸猫周边。那是一个由木头雕刻而成的猫俑摆件。该木猫长13厘米，高5厘米，双耳直立，作趴卧姿态；猫头枕于前腿之上，后腿蜷在腹部下面，刻画了狸猫在休息时仍然对周围保持警觉的神态。与木猫俑同时出土的，还有许多家禽（鸡、鹅、鸽子）和鸟类（鸠、鹰）等木俑。

　　这些狸猫文物是否能够证明，狸猫就是在秦汉时期从山林猛兽走进人类家庭，从此被驯化成为家猫的呢？其实并非如此，事实上我国古代的野猫从未被驯化为家猫。隋唐以来活跃在我国的家猫，并非由我们的先民直接驯化而成，而是标准的"外来和尚"，是随着西汉后期佛教及与之相关的国际交流而传入中国的。当前分布于世界各地的家猫品种，都有一个统一的祖先，那就是非洲野猫。我们在后续章节中还会详细讨论。

　　家猫的传入较晚，也正好能解释另一个问题：为什么十二生肖中没有猫。

武威汉墓出土的木猫俑

十二生肖里为什么没有猫?

关于十二生肖中没有猫,汉族有一个流传广泛的传说:黄帝要选十二种动物担任宫廷卫士,猫托老鼠报名,结果老鼠忘记了此事,猫因此错过了日期,没有报上名。还有一个富有佛教色彩的传说:如来佛祖委托大势至菩萨选十二种动物为天宫守卫。大势至菩萨传达了佛旨后,各种动物纷纷赶来。首先到达的动物是猫,后面依次是鼠、牛、虎、兔、龙、蛇、马、羊、猴、鸡和狗。大势至菩萨把先到者选为守卫,并请他们静候如来佛祖驾临。期间猫等得不耐烦了,就溜出去玩耍,直到如来佛祖到来之时猫还没有回来。这时正好猪慢慢赶来,就得以排在了十二生肖最后一位,猫则因为贪玩而落选。这些故事当然并非十二生肖的真正起源。

一般认为,我国的十二生肖在其创始之初,是一种计数法或纪年法。古人将十二种动物依次分配给十二地支,借用动物形象来借代抽象的序数符号,成为纪年的符号系统。因此,十二生肖的缘起与干支纪年系统的完善有着天然联系。

在湖北云梦睡虎地十一号墓以及甘肃天水放马滩一号墓出土的秦简,均有关于十二生肖较为系统的记录,但其中生肖略有不同。

1975年发现的湖北云梦睡虎地秦简的《日书·盗者》一则,用干支十二生肖来占卜盗贼的样貌:

子，鼠也。盗者兑口，希须，善弄，手黑色。

丑，牛也。盗者大鼻，长颈，大辟臑而偻。

寅，虎也。盗者壮，希须，面有黑焉。

卯，兔也。盗者大面，头頯。

辰，（龙也）。盗者男子，青赤色。

巳，虫也。盗者长而黑，蛇目。

午，鹿也。盗者长颈，细胻，其身不全。

未，马也。盗者长须耳。

申，環也。盗者圆面。

酉，水也。盗者蜀而黄色。

戌，老羊也。盗者赤色。

亥，豕也。盗者大鼻而票行。

　　学者认为，辰字后有漏字，应该是"龙也"二字。環读为猿，即猴。水读为雉，雉是野鸡。而1986年在甘肃天水放马滩发现的秦简《日书·亡盗》中，除了用干支十二生肖来占卜盗贼的样貌之外，还占卜盗贼所从来。

　　子，鼠矣。以亡盗者中人取之……丑，牛矣。以亡其盗……寅，虎矣。以亡盗从东方入……卯，兔矣。以亡盗从东方入，复从出，臧野林曹茂中，为人短面，出不得。辰，虫矣。以亡盗者，从东方入，有从出，取者臧溪谷内中，外人矣。其为人：长颈，小首，小目。女子为巫，男子为祝名。巳，鸡矣……午，马矣……未，羊……申，猴矣。盗者从西方……酉，鸡矣。戌，犬。尔在责薪蔡中……亥，豕矣……

从上述两种秦简中生肖和干支的对应结构可以发现，虽然部分地支和生肖的对应尚未完全稳定，但十二生肖中的动物系统至少在这一时期就已经基本定型。

如果再往前溯源，可以看到文献典籍中最早关于地支与生肖相关联的描述，见于《诗经·小雅·吉日》"吉日庚午，既差我马"。这里将午与马进行了关联匹配。《诗经》"二雅"是西周都城镐京地区的诗歌曲调，《吉日》描写了周宣王狩猎及大宴宾客的场景。《吕氏春秋·恃君览》中说："周鼎著鼠，令马履之。"《吴越春秋·阖闾内传》中说："（阖闾）欲东并大越，越在东南，故立蛇门以制敌国。吴在辰，其位龙也，故小城南门上反羽，为两鲵鳙，以象龙角。越在巳地，其位蛇也，故南大门上有木蛇，北向首内，示越属于吴也。"由此我们大概可以得出，十二生肖形成并与地支完成匹配的演化过程，至少从西周中叶就已经开始了，并在春秋战国时期得到了广泛使用，但当时生肖有地域特点。结合考古资料，十二生肖在秦汉之初正式形成，并在东汉正式成型。清代人赵翼在《陔余丛考》（卷三）中认为"十二属相之起于东汉无疑"，是很有道理的。

而在这个时期，我国的野生"狸猫"，不仅如虎豹熊黑一样凶猛，难以驯化，就连达官贵人狩猎获得的也很稀少，它们还未大量出现在先民的生活圈内，也就未能进入生肖序列。而家猫此时还没有随着佛教大量传入中国。用更简单的话来说，十二生肖中没有猫，就是因为我国十二生肖形成的时候，人们只能偶尔见到野猫，家猫此时还没有出现在人们的生活中。

值得一提的是，越南的十二生肖也是由中国传入的，与中国基本相同，唯独把"兔"换成了"猫"。据说，越南之所以把"兔"换成了"猫"，并非当地对猫有别样的情感，而是由于当时翻译的失误，因为"卯"和"猫"同音，翻译听错了，以讹传讹，结果一直错到今天。

最后用一个有趣的故事来作结。明代状元吴宽有次丢了猫，曾写过一首《失猫，偶读古人十二辰诗，戏作一首招之》：

鼠辈公然书出游，厨中恣食肥如牛。

虎斑非鞟忆此物，兔口无阙嗟为俦。

徒闻豢龙术曾学，安论捕蛇功可收。

塞翁失马终非福，牧子亡羊政尔忧。

猕猴若驯我岂爱，鸡犬或放人须求。

归来买猪肉喂汝，置汝十二生肖头。

他在诗中巧妙将十二生肖嵌入，许诺如果猫儿归来，从此就把它排列到十二生肖之首，希望走失的猫儿看到后能够早早回家。

孔子为猫鸣琴?

在孔子生活的年代，我们的本土野生狸猫虽然还没有登堂入室成为家猫，但其捕鼠能力却已经得到了人们的肯定。我们在《孔丛子》这部旧题为孔子后人孔鲋所作、记录了孔子及其家族后裔众人言行的典籍中，找到了一则孔子"对猫弹琴"，鼓励捕鼠的轶事。

据《孔丛子·记义》载，有一天孔子"昼息于室而鼓琴焉"，孔门七十二贤之一的闵子在门外听到琴音有异常，就告知了曾子。他认为孔子的琴音一向"清彻以和，沦入至道"，而此时却变为"幽沉之声"，不是好事。因为"幽"代表"利欲之所为发"，而"沉"则代表"贪得之所为施"。于是两位弟子一道进门，向孔子询问缘由。

不想孔子竟大大方方承认"汝言是也"，并解释自己"为幽沉之声"的起因，是要替屋里正在捕鼠的狸猫助攻鼓劲。他说："向见猫方取鼠，欲其得之，故为之音也。"

这个故事在《韩诗外传》（卷七）中有更为详细和戏剧化的记述。《韩诗外传》中，鸣琴变成了鼓瑟，侧门听音的不再是闵子和曾子，而是曾子和子贡，并改由曾子提出琴音中的异常："嗟乎！夫子瑟声殆有贪狼之志，邪僻之行，何其不仁趋利之甚。"

而在孔子应对两位弟子的发问时，戏剧性的冲突和紧张也油然而生。孔子见子贡进门后有"谏过之色"和"应难之状"，就把瑟放在一旁，听任子贡诘问。并对自己鼓瑟之声中的"贪狼之志"和"邪僻之行"进行了详细解释：自己正在家中鼓瑟，却发现"有鼠出游"，这时恰有一只狸猫出现在屋里。只见狸猫"循梁微行，造焉而避，厌目曲脊"，正沿着房梁悄悄靠近出游的老鼠，俨然一副狩猎者的英姿。但面对这只狡黠的鼠辈，

明　佚名《孔子圣迹图》（局部）孔子学琴

这位英姿勃发的狩猎者却只是"求而不得"。孔子觉得这一幕十分有趣，便改变了自己鼓瑟的音调，为狸猫作"贪狼""邪僻"之音，鼓励它勇猛出击，迅速开展猎鼠行动。

古人对《孔丛子》和《韩诗外传》的年代和内容多有质疑，比如《四库全书总目提要》在谈及《论语逸编》的时候，将《孔丛子》归为伪书一类，说《韩诗外传》也是"亦多依托"，"未可据为典要"。

伪书是"托古传道""借名传学"的书籍，在古籍中十分常见。伪书所作，很多时候是作者担心自己的心血会因为自己声名不够而不受世人重视，抑或不想将自己姓名公之于众，就假托是前代名家所作，使书籍得以传播和传承。但是，伪书也并非一无所长，朱熹也说过"天下多少是伪书，开眼看得透，自无多书可读"。伪书大大丰富了古人的书库，还具有很高的学术思想价值，不可一概而论。

顺便一提，西方世界关于猫文化史的著作不少，但大概是因为语言的障碍，往往不涉及中国的材料。例如有名的畅销书作家保罗·库德纳利斯（Paul Koudounaris）的《猫咪秘史：从史前时期到太空时代》（*A Cat's Tale: A Journey Through Feline History*）中，关于中国的材料只有一句，是说连孔夫子也是一位猫奴。这想来是《孔丛子》和《韩诗外传》中孔子为狸猫弹琴的故事传入西方后流变出的讹误。

南北朝

随着佛教传入的灵猫

佛教在两汉之际传入我国，到南北朝时期，佛教已在中国快速发展，逐步融入中国主流文化。家猫进入中国，就和佛教的传播有着密切的关系。

在这一时期，大量经典得以从古印度和中亚地区的文字（所谓的梵语、胡语）翻译成为汉语，其中不少关于猫的故事也随之流传到了中文世界。将家猫称之为"猫"，也极有可能是受到佛教翻译家的影响。在此之前，与人类生活有着关联的野猫，往往称之为"狸"，而"猫"则是一种类似老虎的猛兽。随着佛教的广泛传播，家猫逐渐进入人们的日常生活，"猫"这个字也成为了家猫的专用名词。

古人往往认为家猫传入中国来自玄奘大师，这成为一种集体记忆，广为传播，并被写进了宋元时期的买猫契。但事实上，玄奘西行的过程中并没有取猫而归的史实。这种民间集体传说，实际上是对家猫随着佛教从西域而来的一种记忆的反映。

志怪小说出现之初，就有猫的精怪故事出现，并从此成为中国古代精怪故事中的重要一支。但在这一时期，家猫还未能普遍进入人们的生活，所以早期的猫怪故事的主角还是野猫。

《杂阿含经》中的猫与鼠

佛陀生前，其弟子以佛陀的教诲作为修行指南，并没有正式的佛经。佛教经典的正式出现，是在佛陀入灭后的第一次结集。这次结集在摩揭陀国王舍城的七叶窟举行，由佛陀弟子大迦叶召集，史称第一次结集，参加人数在不同典籍中记载不同，或记录为500人，或记录为1000人。第一次结集经藏的主要内容，南传佛教保存为五部《尼柯耶》，北传佛教保存为四部《阿含》及杂藏，五部《尼柯耶》也就是《长部》《中部》《相应部》《增支部》《小部》。大体上，《长部》对应汉传的《长阿含经》，《中部》对应《中阿含经》，《相应部》对应《杂阿含经》，《增支部》对应《增一阿含经》，《小部》内容没有完全传译到中国，大致对应杂藏，汉传佛经中的《法句经》《本生经》等，是其中的部分内容。

汉文《杂阿含经》有两个译本，一个是三国时期的节译本，通行的则是著名的法显大师游历西域时携来梵文本，南朝宋元嘉二十年（443）由求那跋陀罗译出的版本。在《杂阿含经》中所收的1300多部短篇经文中，便有一篇以猫为主角的佛经：

如是我闻：一时，佛住舍卫国祇树给孤独园。尔时，世尊告诸比丘："过去世时，有一猫狸，饥渴羸瘦，于孔穴中，伺求鼠子。若鼠子出，当取食之。有时鼠子，出穴游戏，时彼猫狸，疾取吞之。鼠子身小，生入腹中；入腹中已，食其内藏，食内藏时，猫狸迷闷，东西狂走，空宅、冢间，不知何止，遂至于死。

"如是，比丘，有愚痴人依聚落住，晨朝著衣持钵，入村乞食，不善护身，不守根门，心不系念，见诸女人，起不正思惟，而取色相，发贪欲心；贪欲发已，欲火炽燃，烧其身心；烧身心已，驰心狂逸，不乐精舍、不乐空闲、不乐树下，为恶不善心侵食内法，舍戒退减，此愚痴人长夜常得不饶益苦。是故，比丘，当如是学：善护其身，守诸根门，系心正念，入村乞食。当如是学！"

佛说此经已，诸比丘闻佛所说，欢喜奉行。

佛陀讲述了过去世中，有一只饥渴羸瘦的狸猫，为了果腹守在老鼠洞前，准备一有老鼠从洞中跑出，就抓捕吃掉。果然很快有老鼠游戏奔跑，从洞中跑出，猫将其一口囫囵吞下。不想老鼠在它腹中一时没死，居然吃掉了它的内脏。猫感受到剧痛，继而迷蒙，四处狂奔不止，最终因此而死。

佛陀讲述的这则故事中，猫、鼠其实是一种隐喻，老鼠是人生欲望尤其是色欲、贪欲的象征。修行之人不能守护内心，见到异性而生色欲，色欲又转生贪欲，炽烈的欲望之火便如同在猫腹中的幼鼠啮食内脏，会焚烧人的修行之心，最终使其陷入癫狂，无法安定身心。

早期佛典中以猫、鼠来譬喻修行，不仅有《杂阿含经》中的这一短经，《中阿含经》中也有类似的记录，但表达的思想并不相同，是用猫等待捕捉老鼠时的冷静和耐心，来说明修行也应如此："如是，此秃沙门为黑所缚，断种无子，学禅，伺、增伺、数数伺，犹如猫子在鼠穴边，欲捕鼠故，伺、增伺、数数伺。"三国时期居士支谦译《弊魔试目连经》中说，"此辈沙门自谓持戒，寂然默声思惟而行，譬如狗猫思欲捕鼠，静然不动鼠出即搏，沙门禅思亦复如是"，东汉佚名所译《魔娆乱经》中说"如是剃头沙门，以黑缠形，或与禅俱，与禅相应，行禅。犹若猫子，在于鼠穴前，而欲捕鼠在中，禅而禅，与禅相应，行于禅"，表达的也是类似的意思。早期《禅要经》中也有"如依天帝游空无畏，诸大菩萨、阿罗汉等，皆我同伴。以能伏心，如猫制鼠，诸根调顺，六通自在。我亦如是，应自伏心，求出生死"的表述。

提到猫和老鼠与禅，在中国禅宗中，有一则著名的公案"猫儿捕鼠"。这是宋代临济宗黄龙派黄龙祖心禅师（1025—1100）启发泐潭善清禅师（1057—1142）开悟的公案。

　　龙曰："子见猫儿捕鼠乎？目睛不瞬，四足踞地，诸根顺向，首尾一直，拟无不中。子诚能如是，心无异缘，六根自静，默然而究，万无失一也。"师从是屏去闲缘，岁余豁然契悟。

　　起初，泐潭善清参学于黄龙祖心，对《六祖坛经》中的"风吹幡动"参悟良久，不得其机，黄龙祖心于是将猫捕鼠时的神态化为寓言予以点拨。猫捕鼠时眼中只见鼠，心无他物，故能一举捕获，如参禅之时心无旁系，六根清净，泐潭善清由此开悟。因此"猫儿捕鼠"常用于表示参禅的心境与悟解的境界。例如宋代僧人的偈颂中，便有道枢"昨夜月初明，柴门犹未闭。猫儿捉老鼠，引得狗儿吠"；了演"高高峰顶云，散作人间雨。一句绝淆讹，相逢莫错举。不错举猫儿，偏解捉老鼠"；慧性"归宗事理绝，日轮正当午。布袋放憨痴，猫儿捉老鼠。若人会得，超佛越祖"；绍昙"我有一机，极尽玄微。饥来吃饭，寒来着衣。我有一句，包罗今古。犬吠枯桩，猫捉老鼠"；师范"问佛便答麻三斤，何似庭前柏树子。苍鹰搦卧兔，猫儿捉老鼠"之类。

　　值得一提的是，东汉所译的《魔娆乱经》和三国时期所译的《弊魔试目连经》中，将家猫这种动物翻译为"猫"，这是汉语文献中最早用"猫"这个字来指代家猫这种动物。前文中我们已经讨论过，《诗经》《礼记》等典籍中的猫，其实都不是家猫或者野猫，而是更加凶猛的大型动物。

佛教寓言中的野鸡与野猫

　　印度的婆罗门教、佛教和耆那教的文献中都保留了不少寓言，在公元前后几个世纪中，还产生了《五卷书》等著名的民间寓言作品集。其中佛教寓言无论数量还是影响，都堪称是印度宗教寓言的代表，思想深度与艺术成就最高。

　　佛教吸收了民间寓言的成就，又创作了大量寓言故事，佛陀本人就常用寓言来说明佛法，后世佛门弟子又继续广泛创作。在佛经中，往往将寓言故事作为佛陀无数次的前世经历来讲述，这类故事被称为"佛本生"。约成书于公元前3世纪的《本生经》，便是一部庞大的佛教寓言故事集，也是世界上最古老的寓言故事集之一（现存的是5世纪对此经的巴利文注释书《本生经义释》）。

　　《本生经》没有完全被翻译为汉语，但汉译佛经中有关佛本生故事的经籍也有十几部之多，如吴康僧会译《六度集经》、西晋竺法护译《生经》、吴支谦译《菩萨本缘经》、失译《菩萨本行经》和北宋绍德等译《菩萨本生鬘论》等。这些汉译佛本生故事中，有不少与巴利语《本生经》中的故事相同或类似。此外佛经中的各类"譬喻经"，通过譬喻故事来宣说佛法，也都包含了丰富的寓言故事，例如题为支娄迦谶所译《杂譬喻经》，题为吴康僧会所译《旧杂譬喻经》，失译《杂譬喻经》，比丘道略集、鸠摩罗什所译《杂譬喻经》，其中僧迦斯那撰、求那毗地所译《百句譬喻经》，也叫《百喻经》，鲁迅先生就曾两次出资刊刻过这部经书。

在西晋竺法护所译《生经》中，有一篇《佛说野鸡经》，其中讲述了鸡王和野猫的一段精彩互动，饥饿的野猫想要将鸡王从树上骗下来吃掉，许以爱情、财富、关怀等等，但鸡王始终清醒，没有上当。这部经的翻译者竺法护被誉为"敦煌菩萨"，遍通西域三十六国语言，是鸠摩罗什来华以前最重要的翻译家。这部经中，竺法护用五言偈颂来表达野猫与鸡王的对话，语言非常通俗，形式很像民歌。中国文学中的一些作品，在文体上深刻受到这种偈颂对话体的影响，例如著名的《游仙窟》，就是长篇的以诗相调的体裁。《佛说野鸡经》原文约千字：

闻如是：一时佛游舍卫祇树给孤独园，与大比丘众千二百五十人俱。尔时佛告诸比丘："乃往过去无数世时，有大丛树。大丛树间，有野猫游居。在产经日不食，饥饿欲极，见树王上有一野鸡，端正姝好，既行慈心，愍哀一切蚑行喘息人物之类。于时野猫心怀毒害，欲危鸡命。

徐徐来前在于树下，以柔软辞而说颂曰：

意寂相异殊，食鱼若好服，

从树来下地，当为汝作妻。

于时野鸡以偈报曰：

仁者有四脚，我身有两足，

计鸟与野猫，不宜为夫妻。

野猫以偈报曰：

吾多所游行，国邑及郡县，

不欲得余人，唯意乐在仁。

君身现端正，颜貌立第一，

吾亦微妙好，行清净童女。

当共相娱乐，如鸡游在外，

两人共等心，不亦快乐哉。

时野鸡以偈报曰：

吾不识卿耶！是谁何求耶？

众事未办足，明者所不叹。

野猫复以偈报曰：

既得如此妻，反以杖击头，

在中贫为剧，富者如雨宝。

亲近于眷属，大宝财无量，

以亲近家室，息心得坚固。

野鸡以偈答曰：

息意自从卿，青眼如恶疮，

如是见镆系，如闭在牢狱。

青眼以偈报曰：

不与我同心，言口如刺棘，

会当用何致，愁忧当思想。

吾身不臭秽，流出戒德香，

云何欲舍我，远游在别处？

野鸡以偈答曰：

汝欲远牵挽，凶弊如蛇虺，

捼彼皮柔软，尔乃得申叙。

野猫以偈答曰：

速来下诣此，吾欲有所谊，

并当语亲里，及启于父母。

野鸡复以偈答曰：

吾有童女妇，颜正心性好，

慎禁戒如法，护意不欲违。

野猫以偈颂曰：

于是以棘杖，在家顺正教，

家中有尊长，以法戒为益。

杨柳树在外，皆以时茂盛，

众共稽首仁，如梵志事火。

吾家以势力，奉事诸梵志，

吉祥多生子，当令饶财宝。

野鸡以偈报曰：

天当与汝愿，以梵杖击卿，

于世何有法，云何欲食鸡？

野猫以偈答曰：

我当不食肉，暴露修清净，

礼事诸天众，吾为得此聟！

野鸡以偈答曰：

未曾见闻此，野猫修净行，

卿欲有所灭，为贼欲啖鸡。

木与果各别，美辞伴喜笑，

吾终不信卿，安得鸡不啖？

恶性而卒暴，观面赤如血，

其眼青如蓝，卿当食鼠虫。

终不得鸡食，何不行捕鼠？

面赤眼正青，叫唤言猫时。

吾衣毛则竖，辄避自欲藏，

世世欲离卿，何意今相捩。

于是猫复以偈答曰：

面色岂好乎？端正皆童耶！

当问威仪则，及余诸功德。

诸行当具足，智慧有方便，

晓了家居业，未曾有我比。

我常好洗沐，今着好衣服，

起舞歌声音，乃尔爱敬我。

又当洗仁足，为其梳头髻，

及当调讇戏，然后爱敬我。

于是野鸡以偈答曰：

吾非不自爱，令怨家梳头，

其与尔相亲，终不得寿长。"

佛告诸比丘："欲知，尔时野猫，今栴遮比丘是也！时鸡者，我身是也！昔者相遇，今亦如是。"佛说如是，莫不欢喜。

在北魏时期，西域僧人吉迦夜与最早开凿云冈石窟的昙曜法师共同翻译的《杂宝藏经》中，也有一则《山鸡王缘》，故事内容主题与《佛说野鸡经》完全一致，但更为精简：

佛在王舍城。提婆达多，往至佛所，而作是言："如来今者，可闲静住，以此大众，付嘱于我。"佛言："食唾痴人，我尚不以诸大众等，付嘱舍利弗、目犍连，云何乃当付嘱于汝？"提婆达多嗔骂而去。诸比丘言："世尊！提婆达多欲作种种苦恼于佛，又多方便欺诳如来。"佛言："不但今日，于过去世，雪山之侧，有山鸡王，多将鸡众而随从之。鸡冠极赤，身体甚白，语诸鸡言：'汝等远离城邑聚落，莫为人民之所啖食。我等多诸怨嫉，好自慎护。'时聚落中有一猫子，闻彼有鸡，便往趣之。在于树下，徐行低视，而语鸡言：'我为汝妇，汝为我夫。而汝身形，端正可爱。头上冠赤，身体俱白。我相承事，安隐快乐。'鸡说偈言：'猫子黄眼愚小物，触事怀害欲啖食。不见有畜如此妇，而得寿命安隐者。'尔时鸡者我身是也。尔时猫者提婆达多是昔于过去欲诱诳我。今日亦复欲诱诳我。"

经中提到的提婆达多，是佛经中经常出现的负面人物，他是佛陀的堂兄弟，在佛陀年少时就专与佛陀作对，等佛陀出家成道后，他也跟着出家，经常希望取代佛陀成为僧团的首领，没有得到佛陀的允许，后来带着五百多僧人出走，自称大师。他还曾刺杀佛陀而未果。在《山鸡王缘》中，佛陀解释了与提婆达多前世的恩怨。猫希望诱骗山鸡王，把它吃掉，于是花言巧语，希望山鸡能够和它结为夫妻，但这一诡计被山鸡王识破，说偈嘲讽了它。

抛除这个故事的宗教成分，单看故事叙述的内容，便会发现类似的故事似曾相识。事实上，《伊索寓言》等西方寓言故事，很多和佛教典籍中的故事非常接近甚至完全一致，这种现象自然并非偶然，说明古代文明的交流和文化的传播很早就在很大范围内开展，而且交流非常频繁。例如著名的《农夫与蛇》，就和《佛本生经》中的《竹蛇本生》情节、寓意高度接近，伊索寓言中的《狼和小羊》，就和《佛本生经》中的《豹本生》接近。《佛说野鸡经》中野猫通过反复夸赞野鸡，希望迷惑对方最后吃掉它的故事，和《伊索寓言》中《乌鸦和狐狸》之类的故事有异曲同工之处。

《杂宝藏经》中还有一则《金猫因缘》，是说憍萨罗国国王有次在园林游观，在堂前看到一只金猫从东北角跑到西南角消失不见。国王派人挖掘，发现了一口大铜罐，内有三斛金钱。继续挖掘又挖到一口大罐，里面也装满三斛金钱。如此一直挖掘，在方圆五里地范围内，挖出了无数装满金钱的铜罐。国王深感惊讶，前去咨询佛陀弟子迦栴延尊者，才知道原来是他前世是一个穷人时，曾布施了三钱的福报。

佛教经典中和猫相关的寓言故事还有一些，《大庄严经论》中就记载了一个猫妈妈教子的故事。《大庄严经论》或称《大庄严论经》《大庄严论》《庄严论》，是古印度高僧马鸣菩萨（约生活在公元1世纪）所撰写的论，后秦高僧鸠摩罗什（343—413）译，全论共十五卷，收录有九十则有关佛本生的故事，以寓言故事的方式譬喻叙述种种因缘。这则有趣的故事是说：

复次，猫生儿以小渐大，猫儿问母："当何所食？"母答儿言："人自教汝。"夜至他家，隐瓮器间。有人见已，而相约敕："酥乳肉等，极好覆盖，鸡雏高举，莫使猫食。"猫儿即知，鸡酥奶酪，皆是我食。以何因缘说如此喻？佛成三藐三菩提道，十力具足心愿已满，以大悲心多所拯拔。尔时世尊作如是念言："当以何法而化度之？"大悲答言："一切众生心行显现，以他心智观察烦恼，一切诸行贪欲瞋恚愚痴之等长夜增长，常想乐想我想净想展转相承。作如

是说，不能增长无常苦空无我之法。"是故如来知此事已，
为众生说诸倒对治。如来说法微妙甚深，难解难入，谓道
解说。云何而能为诸众生说如斯法？以诸众生有倒见想，
观察知已随其所应为说法要。众生自有若干种行，是故知
如来说对治法破除颠倒，如为猫儿覆肉酥乳。

小猫逐渐长大，问猫妈妈："对我们猫来说，最应该吃的东西是
什么？"猫妈妈告诉小猫："这个问题人类自然会告诉你的。"于
是她趁着夜色，带着小猫来到人类家里，隐藏在大罐子之间。
人们看见了猫的影子，便互相告诫："奶酪和各种肉食，要好
好保护收藏，鸡雏要保护妥当，别让猫偷吃"，小猫于是知道，
小鸡、奶酪就是自己最好的食物。《大庄严经论》在这个故事后
做了引申，比喻佛陀说法是观察众生的种种行为，自然而然给
出对治的方法。如果抛开宗教性的诠释，实际上这个故事很好
地说明了实践的重要性。这个故事中，猫妈妈和小猫显然是生
活在人类周边的野猫。

　　早期翻译到中国的佛经中还有一部以猫为题的《宝意猫儿
经》，系北魏时瞿昙般若留支在邺都（今邯郸临漳）金华寺为
高慎翻译而出。般若留支（又称般若流支、瞿昙流支）是南印
度人，姓瞿昙，婆罗门种。北魏熙平元年（516）来中国，在魏
都邺地，与昙曜、菩提流支共译出《正法念处经》《顺中论》等
十四部八十五卷，其后不知所终。

唐代义净法师于咸亨二年（671）从广州出发，取道海路抵达印度，在海外前后二十多年，游历三十余国。他翻译的《根本说一切有部毗奈耶》卷四十六中，有个关于养猫的故事，有两位佞臣为了诬陷两位名为底洒和布洒的罗汉死后转世为猫，便在他们的墓塔上开小洞养了两只猫，用这两位罗汉的名字为猫取名，每天等猫饿时，便拿着肉喊"底洒、布洒你们出来"，猫出来后，又训练它们取了肉再绕塔回洞，并且配合文词："你们因为诓惑世间欺诈世人，由此恶业转世为猫，这事要是真实不虚，你们就取了肉块，绕塔回到自己的洞里。"经过很长时间的训练，两只猫完全熟悉了自己的名字和相关的话语，两位佞臣请国王和满朝文武来观看，竟真的成功欺骗了大家，让大家都相信这两只猫便是底洒、布洒两位罗汉的转世。

中国最早的猫精怪故事

志怪小说始于汉末三国时期，上承神话传说和博物传说，同时受到佛教、道教和其他民间信仰的影响，在魏晋南北朝时期大量涌现，逐渐蔚为大观，对中国古代文学和文化产生了深远影响。志怪的"怪"，实际上包括了日常生活中难以遇到的一切怪异之事，包括神、鬼、精、怪、妖等形象在人间的活动，也包括其他超越现实的奇闻异事。志怪小说，就是记录这些神鬼精怪故事和神奇异闻的小说。这些故事的作者，有的是将其作为真实事件予以记录，所以往往要强调这些故事的来源，是何人亲身经历，或是从何处听说，以证明自己所言不虚，未必是"有意为小说"。也有的写作者早早意识到小说的娱乐性，所以他们的记录故事性更强。因为描述的都是奇闻，所以志怪小说虚实结合，可读性往往极强。不少志怪小说在人物塑造、情节策划和语言使用上，展示出较强的艺术价值。

志怪小说出现之初，就有猫的精怪故事出现，并从此成为中国古代精怪故事中重要的一支。

东晋干宝的《搜神记》中收录有不少猫精怪故事。例如"齐无野"，是说齐惠公之妾萧同叔子，被惠公亲幸有了身孕。她在野外取柴的时候生下了一个男孩，又不敢养活他，但这个小孩"有狸乳而鹝覆之"，就是有狸猫来喂奶，有鹝鸟张开翅膀来保护他。有人看见后就把这个孩子收养了，取名叫"无野"。无野就是后来的齐顷公。这个故事里狸猫还不是精怪的形象，但在《搜神记》另一则"老狸"故事中，狸猫就直接变成人了："董仲舒下帷讲诵，有客来诣，舒知其非常。客又云：'欲雨。'舒戏之曰：'巢居知风，穴居知雨。卿非狐狸，则是鼹鼠。'客遂化为老狸。"董仲舒讲授经学，有客来访。董仲舒一见便知对方非平常人。客人说："要下雨了。"董仲舒开玩笑地说："住在巢中的了解风，住在洞中的了解雨。你不是狐或猫，就是小鼠。"客人闻言现出原形，原来是一只老野猫。

《搜神记》中还有一则"狸婢"。

> 句容县麋村民黄审，于田中耕，有一妇人过其田，自塍上度，从东适下而复还。审初谓是人，日日如此，意甚怪之。审因问曰："妇数从何来也？"妇人少住，但笑而不言，便去。审愈疑之。预以长镰伺其还，未敢斫妇，但斫所随婢。妇化为狸，走去。视婢，乃狸尾耳。审追之，不及。后人有见此狸出坑头，掘之，无复尾焉。

这个故事的大意是说，句容县麋村村民黄审，在田间耕作。有一个妇女经过他家田地，从田埂上过去，到东面消失，刚下去又往回走。黄审开始以为是人，天天如此，心里觉得很奇怪。就问她："大嫂经常从哪里来？"那妇女稍稍停了一下，只笑却不说话，然后就走了。黄审更加起了疑团。他准备了一把长镰刀，等那妇女往回走时，不敢斫她，只斫她所带的婢女。只见那妇女变成一只狸猫跑掉了，再看那婢女，原来是一条狸猫的尾巴。黄审想追那狸猫，但没追上。后来，有人看见这只狸猫从坑头里出来，就从坑里掘下去，捉住了它，它已经没有尾巴了。

狸猫所化的精怪有时做好事，帮助所居住家庭的主人，也有的会做出恶事。

博陵刘伯祖为河东太守，他家的猫怪便经常帮助他，"常呼伯祖与语，及京师诏书诰下消息，辄预告伯祖"。凡有京师来的诏书之类的消息，猫怪总是预先告知刘伯祖，但刘伯祖一开始不知道这是一只猫。刘伯祖问猫怪吃什么东西，他说想得到一点羊肝。于是刘伯祖买来羊肝，让人在猫怪居住的地方切片，随切随不见。忽然有一只狸猫，闭着眼睛在桌子前叫，操刀切肝的人想举刀斫它，被刘伯祖喝住了。那狸猫上了屋顶，过了一会儿大笑道："刚才吃了羊肝而醉，忽然失形，现出原形与大人相见，十分惭愧。"刘伯祖这才知道平时和他交谈的是猫。后来刘伯祖要任司隶校尉之职，猫怪又提前跟他说："某月某日，诏书会到。"到了这个日期，果然如它所说。等刘伯祖进了司隶府，猫怪又跟着他到了新居的屋顶上住，常对他说宫廷里的事。刘伯祖为此感到恐慌，对猫怪说："现如今，我的职责是察举百官以下犯法的人。如果皇上左右的贵人们知道有神怪在这里，恐怕我们都要因此受害。"猫怪回答说："大人所虑没错，我要告别了。"于是就没有了声音，从此猫怪再也没有出现过。

刘伯祖所遇到的猫怪性格温和，但有些猫精就邪恶很多。《搜神记》中还收录了一则"吴兴老狸"的故事。晋朝的时候，吴兴一位老农有两个儿子。两个儿子田间耕作时，见到父亲前来呵斥责骂，甚至还要追打。儿子们莫名其妙，回家就向母亲诉苦。母亲问父亲是怎么回事，父亲大惊失色，知道这是有妖怪作祟，就告诉两个儿子："这不是我，是妖怪变化而成，以后见到了就砍杀它，妖怪自然就消停了，不会再到田里做恶作剧。"等儿子们出门，父亲又放心不下，担心儿子们被妖怪困住，便亲自跑到田地去看。两个儿子看到他，以为妖怪又来了，就把他砍杀埋了起来。这时候，妖怪就变成了父亲的形状，回到家里，还对家人们宣布："两个儿子已经把妖怪杀死了。"等两个儿子晚上回家，全家共相庆贺。此后过了好几年，也不曾发觉有什么异样。后来有个高僧路过他家，对两个儿子说："令尊看上去有一股大邪气。"儿子把这话告诉了父亲，父亲大怒，要收拾这位法师，儿子连忙出来叫法师快走。于是法师口颂咒语，念念有词，一路从家门走了进去，那父亲顿时变成了一只很大的老狸猫，钻进了床下躲避。一家人当即把它抓住杀了。两个儿子这才知道当初在田里杀的是真的父亲，于是改葬了父亲，补办了丧礼。事后，一个儿子因此自杀了，另一个又气又悔，很快也死了。

《搜神记》中还有一则野猫精怪害人的故事"汤应"。是说三国时期吴国时，庐陵郡都亭的重屋（重屋是屋顶分两层的房子，也就是楼阁）里，常有鬼魅出没，过夜之人往往横死。因此出差的官吏，没有人敢到都亭留宿。当时有个丹阳人，名叫汤应，艺高人胆大，出差到庐陵，就留在都亭过夜。都亭管理人员跟他说这里有鬼不可以住，汤应不以为意，他把随从人员安排住在其他地方，自己只拿一把大刀，独自住在亭中。三更将尽，忽然听到敲门声。汤应远远地问："是谁？"门外人回答说："部郡让我来问候。"汤应请他进来，寒暄了几句就走了。过了一会儿，又有人敲门，说"府君让我来问候"。汤应又请他进来，只见他身穿黑衣，寒暄几句便离开了，汤应以为是人，一点儿也不疑心。没多久，又有敲门声，"部郡和府君前来拜访"。汤应这时忽然起了疑心，寻思半夜三更，不是拜访的时间。况且部郡和府君也没有一起过来的道理。于是知道这便是妖怪，就手握大刀上前迎接。只见部郡和府君二人衣服都非常华丽。进门坐下后，那自称府君的一直和汤应交谈，聊了一会儿，那个部郡忽然起身走到汤应背后，汤应早有准备，回手就用刀倒劈，一刀命中。府君见此连忙离座奔出，汤应起身追赶，到亭后墙下追上了他，连砍几刀，这才回屋躺下睡觉。天亮以后，汤应带人沿着血迹去寻找，很快找到了两具尸体。原来自称府君的是一头老猪，自称部郡的是一只老野猫。从此以后，庐陵郡都亭的妖怪就绝迹了，重屋里也再没发生过怪事。

家猫是随着佛教传入中国的吗?

虽然中国先民们很早就与野猫建立了伙伴关系,甚至有一些野猫尝试着改变自己的饮食结构,不仅捕捉人类居住地的老鼠作为食物,还开始尝试食用一些谷物。但在这种驯化关系还没有完成的时候,外来的家猫进入了中国,打断了正在进行的驯化进程,借道西域或海路的域外家猫也成功变为了中国人的家猫。

科学家们曾针对家猫与野猫遗传谱系的分化,对来自非洲南部、阿塞拜疆、哈萨克斯坦、蒙古以及中东的979只野猫和家猫进行了DNA测序。该研究表明,野猫共分为五个主要谱系:欧洲野猫、荒漠猫、亚洲野猫、南非野猫和非洲野猫。其中,非洲野猫的谱系中还包括了家猫和分布于中东的野猫。而从以色列、阿联酋和沙特的偏远地区沙漠中采集的非洲野猫DNA样本,与家猫DNA样本在遗传学上几乎无法区分。因而科学界一致认为,当前分布于世界各地的家猫品种,都有一个统一的祖先,那就是非洲野猫。

非洲野猫

2021年，北京大学生命科学院罗述金课题组也以同样的研究方法，对在中国境内采集的27只本土荒漠猫、4只亚洲野猫以及239只家猫的血液、组织、毛发、粪便以及博物馆标本进行基因测序，通过基因组学和群体遗传学研究，证明了中国本土家猫与世界家猫种群具有相同的遗传背景，它们都来自非洲野猫。

非洲野猫在大约一万年前于北非或近东地区完成了驯化过程的演进，并在之后的岁月里扩散到包括东亚在内的世界各地。在印度和西域诸国，家猫出现很早，大约公元前1世纪，佛经开始从口语转为文字，实体的佛经出现以后，佛教僧人用猫来保护经卷，以免被鼠类啮咬（在中国，猫守护佛经，在初唐王梵志的诗偈中也有记录："口共经文语，借猫搦鼠儿。虽然断夜食，小家行大慈。"）

家猫开始从近东地区进入我国，主要是随着佛教传入中国而来。佛教早期传入中国是口语传播，具体情形已无法确考，因此佛教传入中国的具体时间也难以确定，但最晚在西汉元寿元年（前2），已经有明确的佛教在中国传播的记录。到东汉明帝时已经主动派遣使团前往西域迎请佛法。事实上，两汉时期乃至先秦，中外文化的交流远比我们今天想象的频繁，不同文化、文明之间很早就有交流碰撞，在某种意义上，猫本身便是文明交流的一种媒介。很多历史的细节已经无法追溯，猫随佛教传入中国，正如起源于古巴比伦的十二星座（黄道十二宫）早在汉末就已传入中国一样，佛教起到的是一种文化交流的桥梁作用。隐藏在历史尘埃中的商业交流、移民迁移，也都可能是家猫进入中国的缘由。

宋代以来，民间始终有玄奘取经带回家猫的传说，如宋元时期人们买猫时签的猫儿契的文字中，就有"一只猫儿是黑斑，本在西方诸佛前。三藏带归家长养，护持经卷在民间"的字样。明代陈仁锡所辑《潜确居类书》也认为"猫出西方"，其所引《玉屑》云："中国无猫，种出于西方天竺国，不受中国之气，鼻常冷，惟夏至一日暖。猫死不埋在土，挂于树上。释氏因鼠咬坏佛经，故畜之。唐三藏往西方取经，带归养之，乃遗种也。"张岱《夜航船·四灵部·猫》中也说："（猫）出西方天竺国，唐三藏携归护经，以防鼠啮，始遗种于中国。故'猫'字不见经传。《诗》有'猫'，《礼记》迎'猫'，皆非此猫。"

事实上，玄奘西行取经，从未携猫而归，在《大唐西域记》中甚至没有一个猫字，关于玄奘的传记《大唐大慈恩寺三藏法师传》中也没有关于猫的记载，其中提到猫，都是用来做比喻。有一处是说玄奘见到一种外道教徒，"以灰涂体，用为修道，遍身艾白，犹寝灶之猫狸"。他们的一种修行方式是把灰涂在身上，样子就好像睡在灶火堆里的猫。民间对于玄奘取猫的传说，更多是对家猫随佛教而来的这段历史的民间记忆。民间传说是围绕客观实在，运用文学表现手法和历史表达方式构建出来的，虽然未必一定符合客观事实，但在集体记忆中，不免隐藏着历史真相的影子。

　　前面也曾提到，"猫"字用来代指家猫，也是从佛教典籍开始的。东汉所译的《魔娆乱经》和三国时支谦所译的《弊魔试目连经》中，都将这种家养的动物用汉字中的"猫"来翻译。

隋

神秘的猫鬼神信仰

隋朝时期，一种叫作"猫鬼"的巫蛊之术甚嚣尘上，以至于隋朝虽然只有三十七年，却能在猫奴的历史上记下相当浓墨重彩的一笔。正史和隋朝官方的医书都记载，隋文帝杨坚的独孤皇后曾遭受"猫鬼"诅咒而身患"猫鬼疾"，而这只"猫鬼"却来源于家族内部。

　　在巫医同源的认知系统下，"猫鬼疾"曾被归于"猫鬼野道"一类，其源头一度被认为是巫蛊作祟。但随着传统医学的发展，后世渐渐解开了这种具有传染性的慢性病的面纱，并得到了对症施治的方案。不过，由此而起的"猫鬼神"信仰，却穿越千年，如今仍然存活在部分地区的乡土社会中，成为一种讳莫如深的民间鬼神崇拜。

独孤皇后病了，因为猫神？

《隋书》和《北史》中都记载了一个神秘的巫蛊事件。

隋文帝时，独孤皇后同父异母的弟弟独孤陁，曾官拜延州刺史。但是坊间传闻这位刺史"性好左道"，其外祖母高氏一族也向来有供奉猫鬼神的家族传统，还利用这只"猫鬼神"咒死了独孤陁的舅父郭沙罗。隋文帝对此虽有所耳闻，却并没有放在心上。直到有一日，太医巢元方在为独孤皇后诊病时，发现独孤皇后所患之症竟是"猫鬼疾"，隋文帝这才开始重视先前坊间关于独孤陁"畜猫鬼"的传闻。

独孤皇后是北周名将独孤信之女，独孤信有"史上最强老丈人"之称，他的三个女儿居然做了三个政权的皇后。独孤信的大女婿是北周明帝宇文毓；四女婿是大唐开国皇帝李渊的父亲李昞，被追封为唐世宗；小女婿便是隋朝开国皇帝隋文帝杨坚。独孤皇后就是这位小女儿，她与独孤陁姐弟二人分别是独孤信两房妻妾的子女，向来不太和睦。据《隋书·独孤罗传》记载："初，信入关之后，复娶二妻。郭氏生子六人，善、穆、藏、顺、陁、整；崔氏生献皇后。"说独孤信"复娶二妻"，是因为他在北魏孝武帝西行迁徙之时，"辞父母，捐妻子"，抛下结发妻子如罗氏和嫡长子独孤罗，去跟随孝武帝建功立业。在独孤信入关后，又复娶了郭氏和崔氏。其中郭氏生六子，独孤陁为郭氏的第五子。后来，这六子因为看到嫡长子独孤罗"少长贫贱，每轻侮之，不以兄礼事也"。不过，作为长子的独孤罗也并不在意这几位兄弟的态度，他"亦不与诸弟校竞长短"，这让崔氏所出的妹妹独孤伽罗十分敬重。由于同被郭氏所出的兄弟排挤，小妹独孤伽罗与嫡长子独孤罗之间渐渐形成了惺惺相惜的同盟关系。

等到隋文帝杨坚称帝，独孤伽罗成为隋朝的开国皇后，临朝参政，和隋文帝并称"二圣"。至此，独孤家族的势力也在隋朝到达了顶峰。

开皇二年（582），隋文帝决定追封已逝的独孤信为赵国公，按例这个追封的爵位将由嫡长子独孤罗继承。但独孤家族郭氏所出的兄弟们却以独孤罗的生母如罗氏生前并无夫人尊号为由，认为独孤罗不当承袭赵国公爵位，试图将赵国公的封号抢到自己这一房的诸位兄弟头上。隋文帝不决，便询问独孤皇后的意见，皇后则以"罗诚嫡长，不可诬也"为由，确认了独孤罗的嫡长子身份，护住了独孤罗的爵位，却也因此遭到了包括独孤陁在内的几位兄弟的记恨，这件事可能为猫鬼之祟种下了根源。

与独孤皇后同样出现"猫鬼疾"的，还有越国公杨素的妻子郑氏。这位郑氏是独孤陁妻子同父异母的姐姐，家族关系与独孤氏类似。这场史书上记载的"猫鬼之蛊"，看起来是家族两房之间斗争的体现。

独孤皇后"猫鬼疾"发作后，隋文帝很快锁定了独孤陁。为使独孤皇后摆脱猫鬼神诅咒，文帝一面请独孤陁一母同胞的二房大哥独孤穆对其动之以情；另一面也派遣左右对独孤陁晓之以理，委婉规劝。奈何独孤陁拒不承认猫鬼一案。

文帝不悦，遂将独孤陁贬职，并交由左仆射高颎、纳言苏威、大理丞杨远、大理正皇甫孝绪一同严审。最终，独孤陁家中能够召唤猫鬼的婢女徐阿尼对"常事猫鬼"的事实供认不讳，"本从陁母家来，常事猫鬼。每以子日夜祀之"（《隋书·独孤罗附弟陁传》）。独孤陁召唤猫鬼的直接原因，据史料中记载的徐阿尼的供词，是因为独孤陁家中无钱沽酒，所以需要猫鬼神施展转移财物的技能——"其猫鬼每杀人者，所死家财物潜移于畜猫鬼家"。独孤陁先让母家的婢女徐阿尼，召唤猫鬼向越国公家，去转移越国公的财富，"使我足钱"；后又使猫鬼"向皇后所，使多赐吾物"。独孤皇后与郑氏，由此俱得猫鬼疾。

猫鬼案既破，在朝公卿都谏言应斩杀兴妖之人，"妖由人兴，杀其人，可以绝矣"。但皇后念及手足之情，向文帝求情道："陁若蠱政害民者，妾不敢言。今坐为妾身，敢请其命。"（《隋书·文献独孤皇后传》）只道独孤陁不过是为害己身，并没有蠱政误国，罪不当诛。最终，隋文帝依照皇后的意思，豁免了独孤陁的死罪，改为流放，并责令独孤陁的妻子出家为尼。不久后，独孤陁死在了流放地。

至此，猫鬼一案在正史上就算盖棺定论了。不过，历来有人认为正史的记载并未阐明故事的真相，案件疑点颇多。作为当朝权势最盛的独孤家族的一位重要成员，独孤陁理应不会出现史料中记载的家里没钱沽酒这样的无稽之谈。在案件的处理过程中，除了有独孤陁婢女徐阿尼的供词之外，正史中再无其他记载。一桩殃及皇室成员的大案，就以一个婢女的一面之词画上句号，难免令人生疑。毕竟，巫蛊手段也是宫廷斗争的惯用手法。这样看来，御医巢元方"发现"的"猫鬼疾"，也显得格外意味深长。

此事之后，整个隋代乃至唐代，对猫鬼蛊的禁令之严为历代罕见。成书于唐的《金谷园记》中说："隋文帝开皇十五年，禁畜猫鬼、蛊毒、厌魅、野道者。"《北史·隋本纪》记载："（开皇十八年）夏五月辛亥，诏畜猫鬼、蛊毒、厌魅、野道之家，投于四裔。"而据《太平广记》（卷一三九）记载，隋大业年间，京城曾因猫鬼之事掀起过血雨腥风，凡家中畜养了稍有灵性的老猫的，都蒙受了不白之冤。"隋大业之季，猫鬼事起，家养老猫为厌魅，颇有神灵，递相诬告，京都及郡县被诛戮者，数千余家。蜀王秀皆坐之，隋室既亡，其事亦寝。"这里受到猫鬼案诛连的"蜀王秀"，是隋文帝杨坚的第四子杨秀，也是隋炀帝的亲弟弟，隋文帝五子中除了杨广之外，唯一一个活到了隋炀帝杨广登基后的兄弟。

隋亡后，唐承隋制，对猫鬼也做了严格的法律规定。据《唐律疏议·贼道律二》记载："若自造、若传畜猫鬼之类及教令人并合绞罪。若同谋而造，律不言皆，即有首从，其所造及畜者同居家口，不限籍之同异，虽不知情，若里正、坊正、村正知而不纠者，皆流三千里。"意思是，畜养、制造猫鬼或教人畜造之法的，处以绞刑。家人或里正、坊正、村正知而不报的，流放三千里。不过，唐代虽然仍把"猫鬼"当成整治的对象，但猫鬼却再没有在这个朝代真正掀起过政治风浪。仅有一次与猫鬼有些许关联的猫鼠毒誓，发生在武则天和萧淑妃之间。

神秘猫鬼疾的治疗方案

如果独孤皇后真的得过"猫鬼疾"，那这究竟是什么病呢？

事实上，"猫鬼疾"这种疾病是到了隋代才由官方定名的。在隋太医令巢元方等所著的《诸病源候论》（卷二五）中记有"猫鬼候"："猫鬼者，云是老狸野物之精，变为鬼蜮，而依附于人。人畜事之，犹如事蛊，以毒害人。其病状，心腹刺痛。食人府藏，吐血利血而死。"撇开《诸病源候论》里所描述的巫蛊部分，我们可以看出其症状是"心腹刺痛""吐血利血而死"。

在唐代药王孙思邈的《千金翼方》中，给出了治疗此病的医方："鹿头主消渴……角主猫鬼中恶，心腹疰痛。"意思是鹿角可以治猫鬼疾、心腹疰痛的症状。据《神农本草经》，鹿角主治"劳中伤绝"；又据《本草纲目》，鹿角"治劳嗽"。"劳嗽"又称"尸疰""鬼疰""虫疰"，这里的"疰"指的是慢性传染病。在没有现代医学支持的年代，古人发现有些传染病具有"一人死，一人复得"的特点，就好像虫鬼从死人身上附身到旁人身上一样，因此又称其为"传尸"。值得一提的是，孙思邈在他的《备急千金要方》中，已经把"鬼疰"之类病症的分类，归入肺经证治中。可见到了唐代，医者对于猫鬼疾的认知，虽然还未能摆脱巫蛊的影响，但已经发展出了较为对症的治疗方案。

今天，我们把这个疾病叫作"肺痨"，也就是所谓的肺结核。独孤皇后所患的"猫鬼疾"，因其具有一定的传染性，家族关系密切的丞相杨素之妻郑氏同患此病，也就说得通了。

猫鬼疾在隋唐的影响力很大，当时佛门高僧也经常提到猫鬼。例如窥基大师《唯识二十论述记》中提到："由猫鬼等意念势力，令他着魅变异事成。"法藏大师《梵网经菩萨戒本疏》："蛊毒者，亦蛇及猫鬼等损害众生。言'都无慈心'者，结彼恶作为无慈心故也。"在唐代由印度传入的密宗经典中，也有不少教人摆脱猫鬼的咒法。如唐代伽梵达摩所译《千手千眼观世音菩萨广大圆满无碍大悲心陀罗尼经》载："若有猫儿所著者，取弭哩吒那（即猫的头骨），烧作灰，和净土泥，捻作猫儿形。于千眼像前，咒镔铁刀子一百八遍，段段割之。亦一百八段，遍遍一咒，一称彼名，即永差不著。"其他针对猫鬼的咒法，还见于阿地瞿多译《陀罗尼集经》卷八、卷九所载的多种咒语。

而在同时代医书典籍中记载的猫鬼病治疗方案，除了方药，也有方术。如《千金方》中提及"猫鬼野道"，治疗方案是"用相思子、蓖麻子、巴豆各一枚，朱砂末蜡各四铢"，合捣在一起服用；并"以香灰围患人面前，着火中沸，即书一十字于火上"，猫鬼就会死亡。此方上半部分所用的药方以排泄为导向，主要功用是排泻蛊毒；下半部分采用邪灵畏惧之物如香灰、火等以破解巫蛊，是一种典型的巫医并用治疗方案。这种治疗方案源于人们的疾病观，即对病因的认知。《诸病源候论》中对"猫鬼疾"的命名和病因描述决定了这种病症的治疗方案只能是以"巫"的方式来"驱鬼"。到了唐代以后，人们逐渐认识到"猫鬼疾"是一种肺病，治疗方案中"巫"的部分也就慢慢淡化了。

囿于先民对自然万物认知的局限性，"巫医同源"是一个在世界范围内具有普遍性的原始社会特征，不独是中国古代社会和传统医学的特点。不过，学界一般认为，我国巫医分源的趋势从周朝已经显现，至先秦《黄帝内经》问世，则标志着医的独立。巫的传统依旧得到延续，直到明代，太医院还保留着"祝由术"，而清军入关，虽然废除了祝由，却有萨满取而代之。

猫鬼神成为一种信仰

自隋唐开始，官方对猫鬼神之术进行了堪称严酷的禁止，但猫鬼神在我国民间的信仰体系中，还是顽强地生存了下来，并作为类似家仙崇拜的一类，仍可见于今天的北方尤其是陕西、甘肃、青海等西北地区。

在我国的北方地区，民间历来有"胡黄白柳"四大门崇拜的传统，这里的"胡"指狐狸，"黄"指黄鼠狼，"白"指刺猬，"柳"指蛇。有部分地区崇拜"五门"，是因为加上了"灰门"老鼠。乡土社会中的人们相信这五门动物具备特殊的通灵属性，供奉它们并与之交流，能够影响世俗世界中个人和家庭的福祸兴衰。在西北地区，至今保留着名为"毛鬼神"的信仰，例如陕西学者整理的当地风俗志中，就指出"毛鬼神"是迷信者所说的一种扰害家庭的鬼祟，有的纠缠男人或女人，有的搬弄财物，或散或聚，来无影去无踪。毛鬼神非鬼非神，亦鬼亦神，它得不到老百姓对祖先的祭祀，也享受不到老百姓对神仙的膜拜。它不请自来，伴随主人而生活。你如果对它很好，它可以帮助你捉弄别人，或者获得意外之财。你如果惹恼了它，它可以戏弄你，也可以让你折财。民间歇后语说"毛鬼神——好请难发送"，说的是你家如果有了毛鬼神，你想赶走它是很难的。西北方言里把人叫作"毛鬼神"，往往是说这个人鬼鬼祟祟或者上蹿下跳喜怒无常，是骂人的话。这种毛鬼神信仰，实际上就来自隋代的猫鬼，是其在民间的遗存。

清道光年间浙江人慵讷居士所著的《咫闻录》中记载："甘肃凉州界，民间崇祀猫鬼神，即《北史》所载高氏祀猫鬼之类也。其怪用猫缢死，斋醮七七，即能通灵。"当时甘肃武威一带奉养猫鬼神，需要先缢杀老猫，供奉作法四十九天后，才能成为猫鬼通灵。清代山西一带也祭祀猫鬼，神像是猫头人身，配有男女侍者。民间流传能为鬼祟，人们争相祭祀，巫师借以敛财。

猫鬼神信仰与前述四大门崇拜有十分类似的地方，它们都具有护主利家的属性。但是，供养猫鬼神却比供养四大门更令人讳莫如深。过去一般认为，猫鬼神对于供奉它们的家族，是亦善亦恶的。猫鬼神心情好时，会给本家带来好运，反之则会招来灾祸。而这些供奉猫鬼神的家族也往往会遭到邻里、朋友、亲属的排斥和嫌恶。其中最重要的一个原因就在于，猫鬼神具有损彼家而厚本家的邪灵属性。先前我们在独孤陀的故事里，就提到了猫鬼具有杀人后转移死家财物的功能。

猫鬼这种转移别家财物以厚本家的特质，在现实生活中其实有一定的动物行为基础。住在郊区、乡村，或家中有散养过猫的"铲屎官"，往往会有一种"惊喜"的体验。猫咪出门溜达以后，可能时不时地会捉回来一些诸如鸟雀、老鼠甚至刺猬等小型动物，"送"给"铲屎官"。这种类似"报恩"的行为，实则是猫咪在"模拟父母"。在猫的世界里，没有宠物和主人的区别，它只会觉得面前的这只两脚兽好像缺乏捕猎能力，从而选择用猫界的生存技能来养你。这大概也是猫鬼神能够护家、转移财物这一说法的缘起之一。

猫鬼神能够转移财物的技能，经由文化交流传入日本后，也与"招财猫"的传说发生了联系。日本招财猫起源的传说之一，讲的就是在江户时代的东京花川户地区一位贫穷的老太太，因为养不起自家的猫就将其放归山林。猫咪因感激老人的养育之恩，就为她找来了大量的财富。老人后来将这只猫供奉在了浅草神社，成为今天为所有人所熟知的招财猫形象。不过，招财猫形象并不具备邪灵属性，与我们所说的猫鬼神信仰有所区别。

月冈芳年《**古今比卖鉴·薄云**》

《古今比卖鉴·薄云》以东山天皇元禄年间（1688—1704）的著名妓女"薄云"为原型。传说薄云非常爱猫，也有人说招财猫的起源与薄云有关。画中的薄云将爱猫怀抱在怀中，脸上浮现出亲昵、怜爱的神情，她的外褂上绘有猫的纹饰，发簪也是猫的造型。

至于传说中猫鬼神亦善亦邪的邪灵属性，这大概和猫儿在自然状态下表现出来的高冷、神秘、未完全驯化、与人类若即若离的状态有关。这种认知也反映在了一些笔记故事里。宋代的《太平广记》中，收录了一则行为诡异、死而复生的猫的故事。这个故事本于徐铉《稽神录》，讲的是五代时期建康城（今江苏南京）内，有一个卖醋的商贩养了一只非常俊健的猫儿，卖醋人对它格外珍爱。某年六月，猫忽然死了。卖醋人不忍心就此弃之不顾，就把猫的尸体放置在自己座位边上照看，直到猫尸腐烂发臭，他才不得已将猫儿投入秦淮河中。让人始料未及的是，猫的尸体一入水就复活了。卖醋人赶紧下水救猫，结果不慎溺亡在秦淮河中，变成了一桩奇案。而这只复活的猫，登岸后却不顾主人死活，拍拍屁股一走了之，好像眼前的事情和自己毫不相干。逃匿过程中，这只猫被巡城的金吾吏捕获，锁在了屋内。等到金吾吏再次回到锁猫的屋里想要取证的时候，却发现猫早就咬断绳索逃之夭夭。笔记中这只不按常理出牌的猫和它死而复生的过程，又像极了猫鬼的产生过程。根据古人的记载，在猫鬼神的制造过程中，充满了可令猫鬼具备邪灵属性的"原罪"。

唐

猫终于征服了中国人

唐代不仅是中国人的盛世，也是中国猫的盛世。与人类若即若离的猫咪们，在这个时期真正"登堂入室"，成为人们家庭生活中的一员。

　　唐代是猫征服中国人的时代，虽然民间有传说唐三藏西天取经带回了灵猫，协助他驱赶偷偷啃食经书的老鼠，但这并不是我们将唐代作为猫走进百姓人家的主要依据。翻看唐代史料，我们可以清晰地感受到，猫和人的关系与更早时期大不相同，猫不再是徘徊在村落周边的野狸，它们步入帝王宫苑，也走进寻常百姓家，作为"宠物"的猫在这个时代开始真正出现，这是猫征服中国人的时代。

　　唐人的日常生活中，猫的身影频频出现。这个年代里有中国史料中最早的猫奴，专以养猫为乐。这一时期，也有大量的"猫妖"在人类的世界中行走，或善或恶，映衬着唐代人对猫的热爱和想象。在唐代正式成形的佛教禅宗，提出"平常心是道"，猫也成为了帮助高僧开悟的重要因缘。

史料里最早的猫奴

有一位爱猫成痴的唐代人叫作张搏（一作抟），或许是史料里能够找到的第一位"猫奴"。北宋钱易在其《南部新书·庚》里记载了这位连山刺史的宠猫事迹：

> 连山张大夫搏，好养猫儿。众色备有，皆自制佳名。每视事退，至中门，数十头拽尾延脰盘踅，入以绛纱为帏，聚其内以为戏。或谓搏是"猫精"。

古代还没有"猫奴"这个词，张搏在当时得到了一个"猫精"的称号。他与此前几千年里人们散养野猫捕鼠不同，显然是将猫视作了家庭成员。张搏养猫数量庞大，别人可能一只两只，他爱猫成瘾，一次养数十只，每天下班回家，几十只猫一起来迎接，何其壮观。

张搏养的猫品种似乎也很全，"众色备有"。唐朝时，猫已经有不少花色品种，段成式在《酉阳杂俎·支动》里就说"楚州射阳出猫，有褐花者。灵武有红叱拨及青骢色者。猫一名蒙贵，一名乌员。平陵城，古谭国也。城中有一猫，常带金锁，有钱，飞若蛱蝶。士人往往见之"。楚州射阳就是现在射阳湖一带，在扬州、淮安、盐城、泰州四市交界处，这里出产猫，有褐花色的，这大概就是现在的中华田园猫。而北方的灵武则有不少名贵的品种，"红叱拨"原本是天宝年间大宛国进贡的汗血宝马的名字，"青骢"则是青白色的骏马，可见这里出产的猫色泽和样貌的神异，这实际上是今天的狸花猫。平陵城是古代的谭国，在现在的山东济南，段成式说这里有只猫，显然是家养宠物，身上带着一个金锁，皮肤的纹路是一种看起来像蝴蝶飞舞般的金钱纹。这些都是当时罕见的猫。各种颜色品种的猫，在张搏家里都能找到，就好像一个小型的"猫咪博物馆"。

张搏家中的猫都有昵称，"皆自制佳名"。在某种意义上，取名才是家猫区别于野猫的最重要特征。虽然家中所养之猫数量如此众多，但张搏不厌其烦，一一取名。元末明初陶宗仪编的《说郛》中辑录了五代时期张泌的《妆楼记》，我们从中找到张搏所养之猫的部分名字：

> 张搏好猫，其一曰东守，二曰白凤，三曰紫英，四曰祛愤，五曰锦带，六曰云图，七曰万贯，皆价值数金，次者不可胜数。

这些猫名在后世也常常被诗人用成为猫的典故。如清代钱芳标的《雪狮儿》中就有"云图锦带，漫拓得、张家遗谱"句，清代黄琛的《忆猫》中也有"任他锦带与云图，白凤乌员及雪姑"句。

唐五代时期，给猫取名字的人不止张搏一个，唐武宗李炎还是颍王的时候，在园子里养了十种动物，分别取了名字，猫被称之为"鼠将"。北宋初年《清异录》中"衔蝉奴"条记载"后唐琼花公主，自丱角养二猫，雌雄各一，有雪白者曰'御花朵'，而乌者惟白尾而已，公主呼为'麝香骝妲己'"。琼花公主是李克用与宠姜贞简皇后曹氏长女，后唐庄宗李存勖同母姐姐，被封为琼华长公主，后来嫁给了后蜀高祖孟知祥。从《清异录》中的这段记载来看，她从小养有两只猫，一只雪白，被她取名"御花朵"，另一只全身黑而尾巴白，则取名"麝香骝妲己"。但值得注意的是，《清异录》这条记载的文字显然存在传写的讹误，因为这一节的标题是"衔蝉奴"，但正文中却没有出现相关的描述。"麝香骝妲己"的文字难以理解，而在《清异录》中"衔蝉奴"条的前一条，恰好就是"麝香骝"条，可见是在流传过程中，存在抄写、刻印的舛误。《清异录》的宋元版本均已不存，现存最早的是几种明刻本，此处的错误都是一致的。明人王志坚《表异录》中的记载略有不同："后唐琼花公主有二猫，一白而口衔花朵，一乌而白尾，主呼为'衔蝉奴''昆仑妲己'。"这个表达显然更符合逻辑，王志坚当时可能看到了《清异录》的原本，或者见到了《清异录》所依据的某种更早的图书。

从记载来看，张抟也时常逗猫玩。他为众猫准备了专门的游戏之所，经常陪它们一起嬉戏，所爱之深，可见一斑。张抟对猫的宠爱具有重要的历史意义，这说明在唐代，猫已经开始真正演变为"宠物"。

除了张搏，唐代爱猫的高级官员也不少。例如唐元和八年（813）进士、曾担任同平章事的舒元舆，写过一篇《养狸述》，其中提到：

野禽兽可驯养而有裨于人者，吾得之于狸。狸之性憎鼠而喜爱。其体趫，其文班，予爱其能息鼠窃，近乎正且勇。尝观虞人有生致者，因得请归，致新昌里客舍。舍之初未为某居时，曾为富家廪，墉堵地面，甚足鼠窃。穴之口光滑，日有鼠络绎然。某既居，果遭其暴耗。常白日为群，虽敲拍叱吓，略不畏忌。或暂鼋俛踡缩，须臾复来，日数十度。其穿巾孔箱之患，继晷而有。昼或出游，及归，其什器服物，悉已破碎。若夜时，长留缸续晨，与役夫更吻驱呵，甚扰神抱。有时或缸死睫交，黑暗中又遭其缘榻过面，泊泊上下，则不可奈何。或知之，借椟以收拾衣服，未顷则椟又孔矣。予心深闷，当其意欲掘地诛剪，始二三十日间未果，颇患之，若抱痒疾。

自获此狸，尝阖关实窦，纵于室中。潜伺之，见轩首引鼻，似得鼠气，则凝蹲不动。斯须，果有鼠数十辈接尾而出。狸忽跃起，竖瞳进金，文毛磔班，张爪呀牙，划泄怒声。鼠党帖伏不敢窜。狸遂搏击，或目抉牙截，尾捎首摆，瞬视间群鼠肝脑涂地。迫夜，始背缸潜窥，室内洒然。予以是益宝狸矣，常自驯饲之，到今仅半年矣，狸不复杀鼠，鼠不复出穴，穴口有土虫丝封闭欲合。向之韫椟服物，皆纵横抛掷，无所损坏。噫！微狸，鼠不独耗吾物，亦将咬啮吾身矣。是以知吾得高枕坦卧，绝疮痏之忧，皆斯狸之功异乎！鼠本统乎阴，虫其用，合昼伏夕动，常怯怕人者也。向之暴耗，非有大胆壮力，能凌侮于人，以其人无御之之术，故得恣横若此。今人之家，苟无狸之用，则红塘皓壁，固为鼠室宅矣，甘酸鲜肥，又资鼠口腹矣。虽乏人智，其奈之何……

晚唐杨夔的《畜猫说》也说养了猫以后，"鼠慑而殄影，暴腥露膻，纵横莫犯矣"。

唐代养猫人不仅有高级官员，民间也不乏爱猫养猫之人。郑綮的《开天传信记》里记载过一个河南妇人去官府投状争夺猫儿归属权的案子。她写的状子说："是儿猫即是儿猫，若不是儿猫即不是儿猫。"这个状子在古人看来特别好笑，所以古人经常把它当成一个段子讲。但是现代人看了估计一脸发懵，不知道笑点何在。事实上古代"儿"字有其特别的用法，一是作为形容词，指雄性动物，比如"儿马"就是公马，"儿羊"就是公羊，二是用作代词，是女性的自称，意思是"我"。所以这个状子翻译过来就是："（这只猫）如果是一只公猫，那就是我家的猫，如果不是公猫，那就不是我的猫。"负责此案的法官裴谞看了大笑，给出的判状说："猫儿不识主，傍我搦老鼠。两家不须争，将来与裴谞。"他说你们看这猫也不认识主人，你们两家都不要争了，不如就判给我裴谞了。书里记载"裴谞遂纳其猫儿，争者亦哂"。可见当时猫儿人人都爱，个个都抢，为了一只猫甚至打起官司，法官也爱猫，借着机会"公权私用"，把猫儿收入家中。

猫鼠相争在唐代民间自然已经是人们习以为常的事情，甚至被写进了当时的离婚协议。光绪二十六年（1900），莫高窟藏经洞被开启。后来在藏经洞所藏的近八万件敦煌文献中，发现了十多件敦煌离婚文书——放妻书，其中有好几件以猫和老鼠来比喻夫妻之间的不合。如"某李甲谨立放妻书"中说：

> 盖说夫妇之缘，恩深义重，论谈共被之因，结誓幽远。凡为夫妇之因，前世三年结缘，始配今生夫妇。若结缘不合，比是怨家，故来相对。妻则一言十口，夫则反目生嫌。似猫鼠相憎，如狼狄一处。既以二心不同，难归一意，快会及诸亲，各还本道。愿妻娘子相离之后，重梳婵鬓，美裙娥眉，巧逞窈窕之姿，选娉高官之主，解冤释结，更莫相憎。一别两宽，各生欢喜。于时年月日谨立除书。

两人在一起便如猫与老鼠，希望两人从此"一别两宽，各生欢喜"。在另一件放妻书中，也有"何乃结为夫妇，不悦鼓瑟，六亲聚而咸怨，邻里见而含恨。苏乳之合，尚恐异流，猫鼠同窠，安能得久"的句子，最后的诉求也是"两供取稳，各自分离。更无□期，一言致定。今诸两家父母、六亲眷属，故勒手书，千万永别"。

到了五代时期，南唐皇室也养猫，后来猫还惹出了泼天大祸。后主李煜的次子李仲宣，小字瑞保。宋乾德二年（964），仲宣四岁，有天在佛像前玩耍，正好有只猫奔走的时候把大琉璃灯碰到了地上，哗然作声，仲宣受惊，竟因此得病而死。他的母亲大周后本来已经病重，听闻这个噩耗，没几天也含恨去世了。仲宣去世以后，请徐锴写墓志铭，徐锴跟哥哥徐铉说："这个墓志铭虽然不必提猫，但关于猫的典故，你还记得多少？"徐铉于是靠着记忆，列举出二十多条，徐锴则说，方才已经想到了七十多个典故，徐铉夸赞他："楚金大能记！"楚金是徐锴的字。过了一晚上，徐锴又跑来说，晚上又想到了几个典故，徐铉抚掌赞叹。

说到李后主和猫，南唐李后主时期，民间流行一首带猫字的童谣："索得娘来忘却家，后园桃李不生花。猪儿狗儿都死尽，养得猫儿患赤瘕。"这首诗后来被收入《全唐诗》，取名《李后主童谣》。古代民间的童谣往往是一种政治预言，据《南唐近事》等书解释，诗里的"娘"指的是后主再娶周后，"猪狗死"暗指南唐灭亡在戌、亥年。赤瘕是猫的眼疾，猫有目病则不能捕鼠，暗指后主不见丙子之年。

唐末五代时期有位著名的白话诗人卢延让（一名逊），以举人身份考进士，考了五次（一说二十五次）才得中，他的投谒诗中有"狐冲官道过，犬刺客门开""饿猫临鼠穴，馋犬舐鱼砧"这样的白话句子，居然引起租庸张相（指张濬）的阅读兴趣而"每诵之"，另一位成中令（指成汭）更是"激赏之"。他献给前蜀高祖王建的诗中有"栗爆烧毡破，猫跳触鼎翻"，受到王建的喜爱。后来王建冬夜让宫人烧栗烹茶，"俄有数栗爆出，烧绣褥""是夜宫猫相戏，误触鼎翻"，再现了延让诗中场景。王建乃若有所悟，自语曰："'栗爆烧毡破，猫跳触鼎翻'，忆得卢延逊卷有此一联，乃知先辈裁诗，信无虚境。"第二天便"遂有六行之拜，自给事中拜工部"。所以卢延让事后对人说："平生投谒公卿，不意得力于猫儿狗子。"意思是说，一辈子投谒公卿无数，都没有什么用，没想到猫狗却帮上了我的大忙。

五代后周时期有位得道的仙人叫燕真人，也叫烟萝子。据南宋时期成书的《山川纪异》记载："河南永宁天坛山中岩有仙猫洞。世传燕真人丹成，鸡犬俱升，仙猫独不去。人尝见之，就洞呼'仙哥'，则闻有应者。"燕真人修行时养猫为伴，修道有成之时，一人飞升，鸡犬也随之升天，唯独猫没有跟随飞升。人们把留在山洞的猫叫作"仙哥"，在洞口喊"仙哥"，总能得到回应。这则传说似乎在五代时期就已出现，《全唐文》中所录的《天坛王屋山圣迹记》便提到这里有仙猫洞了。

为何仙人升仙猫不能随之而去呢？读唐宋笔记，往往有炼丹将成之际，被猫打破丹炉的记录。宋代朱胜非《绀珠集》记载："许遨有幻术，每为人烧丹，必厚取其资云。市药造炉，使其人自守而候之，每烧四十九日将成，必有犬逐猫，触其炉破，双鹤飞去，屡如此，时人呼为化鹤丹。"许遨每次丹成，都是由猫打破丹炉，丹化鹤飞去。宋代苏辙也曾经尝试炼石成金，安置好丹炉刚要点火，就被一只猫尿在火上，他从此再也不炼丹了。这类记载，或许隐含着燕真人飞升时猫未能跟随的缘由。

金末元初元好问在《续夷坚志》中，不仅记录了前述燕真人仙猫洞中仙猫未去的故事，还提到自己在金朝灭亡后第五年，己亥年（1239）夏四月亲自到过这个仙猫洞，并且让自己的儿子元叔仪在洞口大喊"仙哥"，果然喊声未尽，应声便起。元好问为此赋诗云："仙猫声向洞中闻，凭仗儿童一问君。同向燕家舐丹灶，不随鸡犬上青云。"事实上，仙猫声不过是回声而已，但鸡犬升天、仙猫独存的故事，对元好问来说，正好触发了他在家国覆灭后未能以身殉国的遗憾心迹。所以清代著名学者赵翼的《瓯北诗话》中评价这首诗"俯仰身世，悲痛最深，实足千载不朽"。

五代末北宋初的陶穀在《清异录》中记载："余在辇毂，至大街见揭小榜曰：'虞大博宅失去猫儿，色白，小名白雪姑。'"他在首都开封看到大街小巷贴着小海报，说虞大博家的猫丢了，名字叫"白雪姑"。这是中国历史上第一张寻猫启示，足见主人对猫的感情之深，已经完全等同于家人。虞大博生平事迹不详，《全宋诗》中录有虞大博诗一首，但这位虞大博是仁宗时期常州人，陶穀早在宋开宝三年（970）便已病逝，自然不会见到仁宗时人的海报，这位猫主人的细节，还有待进一步查考。

武则天很郁闷，自家猫吃了自家鹦鹉

猫在唐代产生的纷争不少，著名的女帝武则天就有一段和猫"不得不说的故事"。武则天是一个猫迷，她派人从全国各地搜集了种类繁多的猫养在宫中。除了养猫，她也喜欢养鹦鹉。张鷟《朝野佥载》（卷六）中记录："则天时，调猫儿与鹦鹉同器食。命御史彭先觉监，遍示百官及天下考使，传看未遍，猫儿饥，遂咬杀鹦鹉以餐之。则天甚愧。"这件事也记录在《资治通鉴·唐纪二十一》中："太后习猫，使与鹦鹉共处。出示百官，传观未遍，猫饥，搏鹦鹉食之，太后甚惭。"猫和鹦鹉都是武则天的宠物，这两种动物本是一对冤家，但武则天调养有道，竟然可以让它们待在一个笼子里同器而食。为了展示这一神奇的训练成果，武则天特别邀请百官欣赏，但猫却很不给面子，当着满朝文武的面，一口就把鹦鹉给吃了。

武则天的宠物猫天性萌发，或者饿得受不了，吃掉了宠物鹦鹉，这本来也算不上什么意外的事，为什么史料要记载武则天"甚愧"或者"甚惭"呢？

其实这一事件发生的年份是长寿元年（692），这是武后称帝的第三年。武则天的尴尬不仅仅在于表演失败，还在于鹦鹉在武周的象征意义——鹉与武同音，是武后的象征。《朝野佥载》（卷三）还记载了另外一则关于鹦鹉的故事："则天后尝梦一鹦鹉，羽毛甚伟，两翅俱折。以问宰臣，群公默然，内史狄仁杰曰：'鹉者，陛下姓也；两翅折，陛下二子庐陵、相王也。陛下起此二子，两翅全也。'"狄仁杰曾公开说过，鹦鹉代表着陛下。所以武则天将鹦鹉和猫这对冤家同养并展示给百官，很可能有更深层的政治寓意，这次展示的失败也无疑会令满朝文武生起不一样的思索，这才是史料强调她"惭愧"的缘由。《全唐诗》里收录有武则天的宠臣阎朝隐的一首诗《鹦鹉猫儿篇》，在诗的序里开头第一句就说"鹦鹉，慧鸟也；猫，不仁兽也"，我们很有理由怀疑此诗就是他因为此事而专门所写。

明 朱瞻基《五狸奴图卷》（局部）

武则天很生气，死对头发誓生生世世永为猫

武则天与猫的故事一波三折，极富传奇色彩，我们还可以分享一则后宫宫斗剧。唐贞观二十三年（649），李世民驾崩，作为才人的武则天与部分没有子女的嫔妃们一起到长安感业寺做了尼姑。唐永徽元年（650）五月，唐高宗李治携王皇后来感业寺进香，又与此前就有情感牵绊的武则天相遇，互诉思念。因无子而失宠的王皇后看在眼里，便主动向李治请求将武则天纳入宫中，企图以此打击她的情敌萧淑妃。这正合李治心意，自然当即应允。

武则天进宫之后的第一件大事，就是争夺皇后之位。永徽五年（654），武则天产下长女安定思公主，据《新唐书·高宗则天顺圣皇后武氏传》中记载，在安定思公主出生后一月之际，王皇后来看望，非常怜爱，亲自逗弄公主玩。王皇后走后，武则天趁没人注意，亲手将自己的亲生女儿掐死，又盖上被子掩饰。正好李治前来，武则天假装若无其事，笑着打开被子。李治一看，发现女儿竟然已经被掐死了。他忙问身边的人是怎么回事，大家都说："皇后刚刚来过这里。"李治顿时失去了理智，勃然大怒，说道："皇后杀了我的女儿！"武则天只是在一旁哭泣。王皇后在此事件中莫名其妙，有口难辩，根本无法解释清楚，李治从此有了"废王立武"的打算。第二年，在武后和身边重臣的怂恿下，李治颁下诏书，将王皇后和萧淑妃贬为庶人

并囚禁。她们的父母、兄弟都受到牵连，罢官流放。七天之后，武则天被立为皇后，还将反对此事的参知政事褚遂良贬官。

《太平御览》（卷九一二）引《唐书》记载，高宗废王皇后和萧良娣（即萧淑妃），宫中宣敕时，王皇后拜曰："但愿大家万岁，昭仪长承恩泽。死是吾分也！"萧良娣则厉声怒骂："阿武狐媚，翻覆如此！百千岁愿得一日为猫，阿武为鼠，吾扼其喉以报今日即足矣！"《新唐书·高宗废后王氏传》中的记载大同小异，萧良娣的毒誓被记录为："武氏狐媚，翻覆至此！我后为猫，使武氏为鼠，吾当扼其喉以报！"听到这个猫鼠毒誓，武则天非常不高兴，很长一段时间命令后宫不许养猫。另一方面，她又派人将囚禁中的二人各打了一百棍杖，并割去手足，投入酒缸之中，还丢下一句："令此二妪骨醉！"用白话翻译，就是"让这两个老泼妇连骨头都醉死在酒中"！

这段宫斗还成为猫史上的一个典故，因为萧良娣所立誓言的缘故，猫从此得了一个别名，便叫作"天子妃"。宋罗大经《鹤林玉露》（乙编卷四）记载说："唐武后断王后、萧妃之手足，置于酒瓮中，曰：'使此二婢骨醉。'萧妃临死曰：'愿武为鼠吾为猫，生生世世扼其喉。'亦可悲矣。今俗间相传谓猫为天子妃者，盖本此也。予自读唐史此段，每见猫得鼠，未尝不为之称快，人心之公愤，有千万年而不可磨灭者。尝有诗云：'陋室偏遭黠鼠欺，狸奴虽小策勋奇。扼喉莫讶无遗力，应记当年骨醉时。'"

义猫往事：被猫感动的韩愈

从唐代开始，这些出入王侯将相和寻常百姓之家的猫，成了文人笔下的常客。唐代大文学家韩愈曾写下《猫相乳说》，来称赞这种颇具灵性的动物。

韩愈赞猫的起因，是听说了一个关于"义猫"的故事。当朝有一位著名的武将叫马燧，封北平王。其宅邸中有两只母猫同日生子，但"其一母死"。这只母猫死后，留下了两个尚在哺乳期的小猫崽，小猫崽无处可去，只能留在死去的母亲身边，"咿咿"地叫着想要找奶喝。另一只母猫听到了小猫的呼号，立刻"走而救之"，小跑过来，把没了母亲的两个孩子都叼回自己的窝，"反而乳之，若其子然"，像对待自己的亲生孩子一样对待这两只刚刚失去母亲的小奶猫。然后韩愈分析说，猫并非天生就是仁义的动物，只是因为有一位仁义的主人养了它，它才"感于所畜者"，做出了同样仁义的"相乳"举动。

在这个故事中，与其说韩愈是被猫"感动"了，倒不如说他是有感于猫的主人对自己曾有扶持提携之恩，这才借在恩人宅邸中发生的"猫相乳"事件，特别撰文赞美了一番。在韩愈为马燧之孙马继祖所作的《殿中少监马君墓志》中，他自述二十岁那年，自己被选送到京城应考，却因生活贫困，"穷不自存"，只好以"故人稚弟"的身份，拜倒在北平王马燧的马前。北平王"问而怜之"，看到彼时的韩愈饥寒交迫，又"赐食与衣"，还让自己的两个儿子以主人之礼待之。

在《猫相乳说》的后半段，韩愈称许北平王"牧人以康，罚罪以平，理阴阳以得其宜。国事既毕，家道乃行，父父子子，兄兄弟弟，雍雍如也，愉愉如也。视外犹视中，一家犹一人"。在如此和睦雍如的家庭里，这只"相乳"之猫为马燧之德"感应召致"，也是自然而然的事情。

猫相互带孩子的故事，在古代史料中并不罕见。宋人俞德邻在其所撰的《佩韦斋文集》中就辑录了一则《义猫说》，讲的是俞家有一只正在哺乳期的黑色母猫被人偷走，留下了两只嗷嗷待哺、步履蹒跚的小猫崽，主人"甚怜之"，正待去帮忙，就有一只虎斑纹的母猫循声而至，"悲鸣顾眄"一番后，将两只失去母亲的猫崽都带回自己身边，视如己出。

再如宋人钱时的长诗《义猫行》：

我家老狸奴，健捕无其比。

去年能养儿，二男而一女。

种草不碌碌，趫捷俱可喜。

策勋到邻家，高卧不忧鼠。

今年女子七，母复诞三子。

三子乳有余，七子不易耳。

颇似相轸念，抱弄时相乳。

依依同气恩，仿佛见情理。

一日忽衔子，来同七子处。

薰然如一家，杂乳无彼己。

天地即我心，万物非异体。

一日脱边幅，此外无别旨。

嗟彼胡不仁，形骸分尔汝。

同类日相伤，呀然矜爪觜。

探巢攫胎卵，吞噬不知止。

但见己子肥，遑恤他子死。

猫也本虎属，能为义士举。

作诗传世间，一兽有如此。

这首诗中叙述了家中老母猫最初生了两只公猫和一只小母猫。第二年老母猫又生了三只小猫，小母猫也做了母亲，生了七只小猫。老母猫看小母猫照顾七只小猫不容易，就经常来一起抚养。宋代章甫《代呼延信夫以笋乞猫于韩子云》诗中也称赞猫"相乳"之德："墙东吏部家，两猫将十子。往往感仁惠，相乳忘彼此。"

北宋司马光的《猫虪传》也讲了自家一只叫作"虪"的仁义之猫，顺便"怼"了一把韩愈。

司马光家的这只猫仁义到什么程度呢？每当众猫一起进食的时候，它"常退处于后"，等到"众猫饱，尽去"，它才会去吃众猫吃剩下的食物。此时，如果其他猫又折回来吃饭，它就会"退避之"。若是家里其他的猫一胎生了太多只小猫，照顾不过来，䝤就会把多的猫崽子带回自己的住处，"与己子并乳之"。甚至当有其他顽劣的猫不知道䝤对自己有恩，反而吃掉了䝤的孩子，它也不去计较。更戏剧化的是，这一幕却被司马光的家人误会了，以为䝤吃掉了自己的孩子，将它视为不祥，并弃于僧舍。在僧舍时，僧人喂它食物它也不吃，一直藏在笼子里，直到司马光的家人可怜它快要饿死，才又把它接回了家。

于是司马光借此事发挥说："仁义，天德也。天不独施之于人，凡物之有性识者咸有之，顾所赋与有厚薄耳。"他说"仁义"不是只有人类才有的，有性识的动物都有，只是程度不同而已。至于"昔韩文公作《猫相乳说》，以为北平王之德感应召致"，但直到看到了自己家的猫，才知道动物的天性"各于其类，自有善恶"。最后司马光得出了一个小结论："韩子之说，几于诬耳。"

我们且不论文人之间的笔伐游戏，家猫相乳其实是母猫的天性，从古至今也从未间断过。韩愈用人的仁义品德推己及猫，司马光则用天赋仁德观念来陈述万物皆有德性，这些都是人类的浪漫想象，大可不必一争高低。

用今天"铲屎官"们的眼光来看，司马光家的这只猫，如果一定要深究其"仁德"之本，那恐怕是胆小应激加上它在家中一众猫中的地位最低所致。动物间常有地位和领地意识，䝤等众猫吃完后才去吃饭，其实并不是谦让精神，而是自己在猫中地位处于下风，不得不等到地位更高的猫吃完才能去吃饭。而被送到了寺庙里就躲在笼中不出来也不吃饭的行为，就如同今天很多家养的宠物猫，从熟悉的环境转换到新环境时会产生"应激"现象，猫儿们需要一个少则一两日、多则三五日的适应过程，这个过程中，只要给予猫儿一个安静宽松的生活环境，绝大多数猫都能自行适应。

如果一定要推人及猫，比拼"仁义"的话，那我们还能举出比上面两只猫更加"仁义"的极端化存在，古人还赋予它们"麒麟猫"和"佛奴"的名号，来凸显猫的"仁义"和"佛性"。

宋代诗人林希逸曾作诗《戏号麒麟猫》，用以戏谑家中那只不捉老鼠的"仁义"之猫，诗云："道汝含蝉实负名，甘眠昼夜寂无声。不曾捕鼠只看鼠，莫是麒麟误托生。"这里说的麒麟猫，并不是今人所指的短尾之猫，而是用麒麟这种"不践生虫，不折生草"的仁兽来比喻放任老鼠胡作非为的"仁猫"。"麒麟猫"一词到了明朝，还变成了家世显贵之主所养的不捕之猫的雅称。清朝时期，文人沈起凤的门生黄之骏家里还出现过一只比麒麟猫更为仁义的"佛奴"。这只"念佛猫"不仅只顾呢喃"念佛"，任凭"鼠耗于室"，甚至在老鼠"跳梁失足、四体堕地"的时候，"抚摩再四，导之去"。它上前摸了摸失足的老鼠以示安慰，最后还给老鼠指了指回家的路。沈起凤听闻此事，又好笑又震惊，让黄之骏写就了文章《讨猫檄》。

相比于猫哺乳同类的幼崽，唐代还有"犬乳邻猫"的故事。李迥秀事母极孝，武则天时期，经常派宫人前往照料他的母亲，有时候还会把他的母亲接到皇宫。唐中宗时期，李迥秀出任兵部尚书，他居住的屋子长出灵芝草，狗给邻家的猫喂奶，当时称之为"堂产芝草，犬乳邻猫"，唐中宗认为这是孝行引起的感应，对他进行了表彰。

更富有争议的"义猫事件"，是猫和鼠这两种天敌之间同乳，在《新唐书》中记载的猫鼠同乳事例，就有天宝元年（742）十月，魏郡猫鼠同乳；大历十三年（778）六月，陇右节度使朱泚于军中得猫鼠同乳以献；大和三年（829），成都猫鼠相乳。其中朱泚义猫事件，起源是大历十三年六月戊戌日，他手下陇右汧源县的军士赵贵家猫鼠同乳，互不相害。朱泚便将此事作为祥瑞报告给朝廷，甚至把猫鼠装在笼子里送到了首都，引发了朝堂争议。宰相常衮率群臣祝贺，认为这是唐代宗仁义所感的吉兆，而时任中书舍人的崔祐甫却认为这是一件值得反思检讨的事件，哪里值得庆贺呢？

他在《猫鼠议》中说："猫受人畜养，弃职不修，亦何异于法吏不勤触邪、疆吏不勤捍敌？又按礼部式具列三瑞，无猫不食鼠之目，以此称庆，臣所未详。伏以国家化洽理平，天符荐至，纷纶杂沓，史不绝书。今兹猫鼠，不可滥厕。若以刘向《五行传》论之，恐须申命宪司，察视贪吏，诚诸边候，无失徼巡，则猫能致功，鼠不为害。"养猫就是要它捕鼠除害。现在猫非但不捕鼠，反而哺乳老鼠，这是丧失其本性，不能坚持职守，就如同官吏不惩处违法之徒、边将不抵抗入侵之敌一样。崔祐甫认为应当派人巡察地方贪官污吏，告诫边防守将严加防范，这样才能消除这种怪异现象。唐代宗对此表示赞同。

唐代此类义猫故事很多，相比于这种互相哺乳小崽的义气，后代的义猫转向了人和猫之间的关系，出现了不少猫报恩主人的义猫故事。

一位日本友人和他的高仿机器猫

隋唐时期，日本派遣大量人员来到中国，学习文化，同时为了保护从中国带去的经卷免遭鼠灾，也从中国请去了"唐猫"。这和家猫从西域随着佛教进入中国的路径是非常相似的。镰仓时代的一部私撰和歌集《木夫抄》中，便有"大和不曾产唐猫，为君苦苦寻觅去"的句子。

在日本的平安时代（194—1192），关于猫的记载开始增多。约成书于公元822年的《日本国现报善恶灵异记》（简称《日本灵异记》），是日本最古老的说话集，辑录从雄略天皇到嵯峨天皇近四个世纪之间的奇闻异谈。其中第三十回中提到，庆云二年（705）时，丰前国（福冈县东部）某男人在死后变成蛇，打算进入儿子家，无奈被赶出，之后变成狗，又再度被赶出，直到最后化为猫，终于得到一顿盛宴，让儿子饲养下来。这是日本关于猫的最早记录。

平安时代宇多天皇（887—897年在位）的《宽平御记》是日本现存最早的天皇亲笔日记，其中宽平元年（889）二月六日的日记中，详细描述了一只黑猫的细节，表现出对它的宠爱。一条天皇（986—1011年在位）也非常爱猫。平安时代中期（中国的北宋咸平年间）清少纳言著名的随笔集《枕草子》中有"御猫与翁丸"一章，提到第六十六代一条天皇和定子皇后非常宠猫，甚至给猫从五位以上的女官位阶，"清凉殿里饲养的御猫，叙爵五位，称为命妇，非常可爱，很为主上所宠爱"。有一天皇宫里名叫翁丸的狗追逐这只御猫，猫受到惊吓，逃进帘子里去了。正是早餐的时候，主上在那里，看了这情形十分后怕。他把那猫抱在怀中，并吩咐："把那翁丸痛打一顿，流放到犬岛去，立刻就办！"紫式部的《源氏物语》是最早的长篇写实小说，其中也有关于猫的记载，第三十四回（据丰子恺译本）中写道："这时候有一只可爱的中国产小猫，被较大的猫所追逐，突然从帘子底下逃出来。侍女们慌张了，喧哗扰攘，东

《歌川国芳自画像》

歌川国芳（1798—1861）是江户末期最具代表性的浮世绘画家之一。他十分爱猫，据说他家中养着十多只猫，甚至会怀抱着猫进行创作。国芳会将不幸死去的猫安葬于回向院（位于东京的一座佛寺），并在家中设置猫的佛坛，供奉写有亡猫法名的牌位。他的自画像也洋溢着爱猫之情。

奔西走，衣声足音，历历可闻。那小猫大约还没有养驯，所以身上系着一根长长的绳子，这绳子被东西绊住，缠得很紧。那小猫想逃，拼命拖这绳子，便把帘子的一端高高地掀起，并没有人立刻来整理。"这只来自中国的小猫在后续的情节中也发挥了不少作用。这只小猫后来成为浮世绘的重要题材之一，不少画家都画过这一主题的画作。

　　唐代时期的中国，还有一位名叫韩志和的日本友人制作出一个"机器猫"。据《杜阳杂编》和《太平广记》所引的《仙传拾遗》记载，韩志和在中国担任飞龙卫的军士，极善于木雕，堪称"大唐鲁班"，能用木头雕刻成鸾鹤鸟鹊等鸟类形状，这些鸟类的一举一动，饮水啄食，都和真鸟一样。他还在这些木鸟的肚子里安装机关，一旦启动，木鸟可以冲霄奋飞高达百尺，在天空盘旋，飞到几百步外才落下来。他的代表作是一架"见龙床"，远看并没有龙的装饰，一旦踩到床踏，龙就会缓缓浮现，鳞须爪角全都会摆动，卷曲而有气势，像活的一样。见龙床献给唐穆宗（一说唐宪宗）的时候，穆宗本来不以为意，但脚踩到御踏，雕龙栩栩如生缓缓升起，有一种要行云布雨的霸气，把皇帝都吓了一跳，连忙让撤走。韩志和连忙伏跪说："因为臣愚昧，以至于惊忤圣躬。臣愿意再进献一个小伎俩，希望能够稍娱至尊耳目，以赎死罪。"穆宗请他开始表演，韩志和从怀里掏出一个数寸见方的桐木盒子，打开后里面走出来一两百只赤红色的蝇虎子，指挥它们排成五队，让它们按拍《梁州曲》

北宋　苏汉臣（传）《傀童傀儡图》　图中表演的是杖头傀儡

跳舞，完全符合曲子的节奏，进行到有唱词的部分时，殷殷有声，曲子终竟就一个接一个地退下去，好像有尊卑等级似的。韩志和又指挥这些蝇虎子去捕捉四周的苍蝇，如鹘捕雀，每有所获。唐穆宗大为开心，赏赐给他杂彩银碗。

　　韩志和最精彩的作品就是一个木雕而内置机关的"机器猫"，动作灵敏，甚至可以自行捉捕鼠雀。这种技术古人称之为傀儡，韩志和的傀儡之术极为神奇，甚至被称为道术。但事实上，在唐宋人的日常生活中，傀儡术其实并不罕见。早在《列子》中就记载，说周穆王西巡时，工匠偃师献上一名木偶，"镇其颐则歌合律，捧其手则舞应节，千变万化，惟意所适"，如真人一般。《列子》一书的真伪虽有争论，但最晚也是魏晋之间的作品。最晚在汉代，木偶表演已经出现，马王堆汉墓出土的帛画中绘有"偶人舞乐"，贾谊《新书》中也有"击鼓，舞其偶人"的记载，魏晋南北朝时期木傀儡表演已经非常成熟，有位马钧所制作的傀儡，"至令木人击鼓吹箫；作山岳，使木人跳丸掷剑，缘絙倒立，出入自在，百官行署；舂磨斗鸡，变巧百端"。唐宋街头表演的傀儡之术，常见的就有五六种：杖头傀儡是在一根小杆子的端头有一个人形的傀儡，表演者手持这个杆子表演；悬丝傀儡是人在幕后用提线操纵傀儡表演；药发傀儡是有火药引发的傀儡表演；水傀儡是艺人在水中进行表演，一说是用水力作为机关动力的傀儡；肉傀儡则是用小孩扮作傀儡进行表演等。唐玄宗李隆基就有一首《傀儡吟》（也有记载是

北宋 苏汉臣（传）《婴戏图》 图中表演的是悬丝傀儡

唐代梁锽的诗），记录的是老人形状的悬丝傀儡："刻木牵丝作老翁，鸡皮鹤发与真同。须臾弄罢寂无事，还似人生一梦中。"这种傀儡唐代人也叫"木老人"，相关的表演就叫"弄老人"，唐代诗人顾况在《越中席上看弄老人》中记录了他观看傀儡表演的感受："此生不复为年少，今日从他弄老人。"

韩志和来自日本，日本在制作傀儡方面也有悠久的历史。晚清诗人黄遵宪在日本考察，有诗云："雕镂出手总玲珑，颇费三年刻楮功。鸢竟能飞虎能舞，莫夸鬼斧过神工。"说的就是这种极为精细的雕木技术，他甚至认为"盖东人善构思，佐以利器，真若有神助。偃师傀儡，未必胜之"。这里且不评价各国雕刻技艺高低，在唐代出现了精彩的木猫傀儡，也足以说明在这一时期，猫与人类关系的密切。

偷猫恶少和溺猫官员

《酉阳杂俎》中，有一个"常攘狗及猫食之"的长安恶少年，这则恶少的故事，开启了古代猫报笔记故事的先河。

唐元和初年，有一个叫作李和子的公子哥，经常偷狗攘猫，烹而食之，被坊市四邻视为祸患。终于有一日，那些被恶少吃掉的猫儿狗儿在冥司联名上书，控诉李和子的恶行。冥司派了两名紫衣鬼差带着缉捕文牒去阳间索人。彼时，李和子正带着自己的鹞鹰在街上大摇大摆地站着，两个鬼差迎面唤住了他说："冥司追公，可即去。"

恶少初不信，直到鬼差亮明身份，拿出了四百六十头被害猫犬在冥司的诉讼公文。李和子着急忙慌地把鬼差推到酒肆旗亭，索要了许多美酒贿赂鬼差。一边递酒，一边"揖让独言"，请求鬼差为自己多宽限几年。周遭的众人并不能看到鬼差，见到李和子如此行为，"人以为狂也"。鬼差推辞不过，只好受了李和子的酒，并给他指了一个续命的办法——"君办钱四十万，为君假三年命也"。李和子大喜，承诺以次日中午为期，替鬼差筹钱。鬼差走后，恶少又心疼这些供给鬼差的酒，回去尝了一口却发现酒味如水，且寒冷冰牙。

次日中午，李和子按期准备了纸钱四十万烧给鬼差。看着鬼差拿着纸钱离开，恶少自以为续命成功，却不想还是在三天后死了。原来天上一天、人间一年；而人间一天也相当于冥司一年。鬼差所谓的三年，在人间不过三天而已。恶少终究赔了夫人又折兵，没逃过被自己伤害的猫狗在冥间发起的报应。

同类型的猫报笔记小说，在唐代还有一则《崔绍》，收入《玄怪录》中。和李和子的人设有所不同，这则笔记的主人公崔绍是个"处官清贫、不蓄羡财"且"孜孜履善、不堕素业"的官员，他与一位叫作李彧的同事兼邻居十分交好。把崔绍牵入"猫报"事件的，就是李彧家的橘猫。这只橘色的母猫常常活跃于崔绍家中，替崔绍赶走了不少老鼠。有一天，母猫跑到崔绍家产下了一黄一黑两崽，而当地民俗认为，别家的猫跑到自己家生子是不祥之兆，崔绍受风俗影响，对母猫在自己家产子这件事情十分嫌恶，遂命家仆将一大两小三只无辜的猫，投石沉筐，溺毙江中。崔绍的猫报自此开始。

一个月内，崔绍母亲过世，生活愈加清贫，崔绍不得已前往雷州向亲友求助。在雷州的旅店里，崔绍突发热疾病危。弥留之际，两个鬼差将崔绍带到阴司的判官厅，见到了一位黄衫妇人和她穿着一黑一黄衣服的两个孩子。三人"皆人身而猫首"，称崔绍"非理相害"，"手虽不杀，口中处分，令杀于江中"。崔绍反应过来，这就是当时自己让人溺毙在江中的一大两小三只猫。

不过，崔绍幸因祖辈供奉"一字天王"，且"平生履善，不省为恶"，只是在冥司走了一遭，并未丧命。在冥间，他得到了"一字天王"的照拂，只是发愿为三个无辜枉死的生灵各抄写一部《佛顶尊胜经》以超度之，就重返了人世。

　　唐代这两则笔记，都承载了佛教因果、善恶皆有其报的宗教理念。在魏晋之前，主流社会独尊儒术。但是在经历了南北朝乱世的过程中，佛教的影响力不断增强并逐渐形成了"南朝四百八十寺"的景象，为其在唐朝的大发展奠定了基础。自唐太宗开始到唐武宗灭佛的这两百余年间，唐代寺院的数量也从三千多间增加到了四万多间。因果报应、生死轮回，以及对不要无故杀生的规劝，为许多唐人志怪笔记提供了核心内涵。

明　朱瞻基（传）《唐苑嬉春图》（局部）

这只猫变成人说：小的不敢

古代多把猫开口说话视为不祥，但是在唐代，此类观念还没有完全形成，猫儿说人话被当成有趣的段子在民间传播。

张鷟《朝野佥载》中记载了江西鄱阳人龚纪和族人参加科考时，家中各种动物都行事诡异的故事。

在"唱名日"，也就是科举殿试后皇帝呼名召见的那天，龚纪家中不仅出现了牝鸡司晨的反常情况，连狗也戴上了巾帻，像人一样走路；而本应昼伏夜出的群鼠，也纷纷在白日里蜂拥而出；至于那些本来不会移动的器皿和物件，也都不在它们以前的位置。龚家人见此情形惊慌失措，马上找来了巫女驱邪。就在龚家人与巫女讲述家中异象之际，看到家中唯一没什么反常举动的猫儿正懒洋洋地躺在一边，于是龚家人稍感心安，指着猫说："家中百物皆为异，不为异者独此猫耳。"不料话音刚落，本来还悠闲躺着的猫也忍不住了，"猫立拱手言曰：'不敢！'"。"拱手"、言"不敢"这两个颇具喜剧色彩的举动，令巫女大惊失色，仓皇逃出了龚家。

在这则笔记中，动物们的集体异常状态，并没有为龚家带来霉运。笔记故事的最后，"捷音至，三子皆高第"。因而作者点评说"乃知妖祥非人所测"。后来，宋人彭乘的笔记《续墨客挥犀》也收录了这桩奇闻，并点评道："乃知妖异未必尽为祸。"也许是万物有灵，动物们提前向龚家道喜而已。

　　"妖异未必尽为祸"的故事，在唐代还有一个典型。唐末左军容使严遵美家中的猫狗曾出现异象。严遵美顺势而为，称病致仕，躲过了一场政治大屠杀。这个故事记录在五代孙光宪所著的《北梦琐言》中。

　　这位养猫的左军容使是唐朝末代皇帝昭宗时期的宦官，为人以忠谨著称，孙光宪也说他是"阉宦中仁人也"。严遵美常慨叹自唐中后期以来宦官肆横、宰相失权的局面，"自是尝思退休"。有一天，严遵美忽作癫狂之态，"手足舞蹈，家人咸讶"。这时，他听到自己的一犬一猫开始说话了。猫对犬说："军容常改也，颠发也。"犬回答："莫管他，从他。"过了一会儿，严遵美恢复了正常，加上听到猫言狗语，心里愈发惊奇。顺着这桩怪事，他向昭宗称病致仕，离开了朝堂，去往蜀地隐居。后来，唐昭宗重用崔胤和朱温，在唐天复三年（903）血洗整个后宫宦官，共计杀死阉宦七百多人。"唯西川不奉诏，由是脱祸。"西川就是严遵美致仕隐居的蜀地，当时蜀地由前蜀开国皇帝王建管辖。严遵美受到蜀王的庇佑，在这场政治大屠杀中免遭杀身之祸。

　　在家庭中猫忽然开口说话，在古代志怪类的笔记小说中自成一派，有不少类似的故事。五代王仁裕的《玉堂闲话》中记载了一个故事，说徐州有一个不出家的道士叫王守贞，他有妻有子，不住在道观里，且为人庸俗粗鄙。他有次去道教的太满宫逛，把道士们佩带的符箓偷了回来，放在床上褥子底下，用他老婆的衣服盖上，亵渎道家法器。从此他家里怪事屡屡出现：

灯架自己行走，猫儿会说："不要这样！不要这样！"不到十天，夫妻二人都死了。《玉堂闲话》已经失传，这则故事收录在《太平广记》中，因此流传至今。

再如清代乾隆年间和邦额所著的《夜谭随录》中有《猫怪》三则，都是讲猫说话的怪事，这里分享其中一则。这个故事是说有一位公子，是一个笔帖式，笔帖式是清代特有的官职，负责翻译满、汉章奏文字等事。笔帖式虽然级别不高，但往往待遇很高，升迁的速度也快，在当时是一个很好的工作，因此这位公子家中颇为富裕。而且他父母俱在，兄弟无恙，非常和乐幸福。他们家人非常喜欢猫，养了十多只猫，每次喂猫都是一群猫集合在饭桌前，嗷嗷聒耳。有次吃完饭闲聊，正好仆人都不在，妇人喊丫环，好了好多次没人答应，忽然窗外有人学她的声音替她喊人，音调非常奇怪。公子打开窗帘，四顾无人，只有一只猫蹲坐在窗台上，回头看向公子，猫脸隐隐有笑容。公子大为惊骇，回身入内把这怪事告诉夫人，其他兄弟们听到了，也都争相出来看怪猫，大家开玩笑地问这只猫："刚才叫人莫非是你吗？"猫说："是我。"大家没想到猫真的会说话，一下子炸锅了。公子的父亲认为这是不祥之兆，指挥大家捉住这只猫，猫一边说"别捉我！别捉我"，一边跳上屋檐跑掉了，好几天没有回来。全家提起这事，都觉得非常不安。有一天有个小婢正在喂猫，忽然发现这只猫也藏在猫群里，便偷偷回去联系了各位公子，一起围捉了这只怪猫，绑起来鞭打了数十下，猫被打的时候嗷嗷乱叫，但满脸都是倔强神色，让公子们看得格外生气，准备干脆杀了它。父亲出来阻止，说这猫都能作妖了，杀了怕有坏事，不如放了它吧。公子一边答应，一边偷偷安排两个奴仆把猫装进米袋里，出城扔到河里将其淹死。不成想刚刚出城，袋子就破了一个洞。等奴仆把袋子扔河里回到家，猫早已经先回家里了。猫径直走到寝室，一家人正围在一起说这只猫的事，忽然抬头就又看到它了，全都愣在那里不知所措。猫跳到床上，痛斥公子的父亲，并且指出其为官时候贪污枉法、欺压百姓的种种恶行："你们才是真正的人面兽心，是真正的人中妖孽，却反而因我会说话而说我是妖孽，真是怪事！"家人们赶上前来捉拿，有的手拿宝剑，有的乱扔瓶瓶罐罐，都想抓猫，猫笑着说："我走，我走，你们这个很快败落的人家，我不和你们争"，出门爬上树不见了，以后再也没来。不到半年，这家感染瘟疫，每天都死三四个人，公子因故被免官，父母因此忧郁而死，两年之内亲人仆从几乎全部去世，只有公子夫妇仅存，生活一贫如洗。作者评论说："妖由人作，见以为怪，斯怪作也。唐魏元忠谓：'见怪不怪，其怪自灭。'非见理明晰，不能作是语。虽然，内省多疚，亦不易作坦率汉。"

宋代人甚至认为，猫犬吃了特别的食物就会说话，黄休复著《茅亭客话》中认为"以灵砂饵胡孙、鹦鹉、鼠、犬等，变其心，辄会人言"。

更多关于猫说人话的故事，我们在清代相关章节还会详细提到。

《东阳夜怪录》中的那只猫

不独鄱阳龚家，动物们集体成精的奇闻，还可见于唐代传奇《东阳夜怪录》中。

故事讲的是在元和八年（813）一月，一个叫作成自虚的秀才来到渭南县。刚出县城大门，他就遇上了"阴风刮地，飞雪雾天"的恶劣天气，"行未数里"，天色就"迨将昏黑"，无法继续赶路了。所幸的是，成秀才在距离驿站不到三四里的地方找到了一间破庙投宿。这一夜的奇闻异事，也就此拉开序幕。

这间寺庙中虽然有"数间空屋"，但是"寂无灯烛"。秀才悄悄听了很久，才听到屋里有像人一样的喘息声，遂试探道："院主和尚，今夜慈悲相救。"慢慢地，屋内有一病僧应声。病僧自言法号智高，呼为高公，俗家姓安。

与病僧相谈之际，秀才又听外面"沓沓然若数人联步而至"，为首一个穿着"皂裘"，"背及肋有搭白补处"，自称是"前河阴转运巡官、试左骁卫胄曹参军卢倚马"，众人也称他为"曹长"。次一人自称是"桃林客、副轻车将军朱中正"，又被人称为"朱八""朱八丈"。来人还有两位，未及介绍官职和称号，名字分别叫作"敬去文"和"奚锐金"。四人与病僧围坐相与，诵读各自的诗文佳句。一个回合结束，有人想起已有十天未见"苗介立"。说曹操曹操就到，正说着，"苗介立"就和"胃藏瓠""胃藏立"兄弟前来拜访，并一同加入了诗文咏谈。众人的一番高谈阔论令秀才成自虚"赏激无限，全忘一夕之苦"。

直到"忽闻远寺撞钟"，屋内忽然安静了下来，再也看不到屋里有什么人，此时天已破晓，秀才这才依稀辨认并猜出，夜中所见的众人，竟然是此处动物所化的精怪。

病僧智高，是一头被人留在佛寺中看护的病橐驼（即骆驼），橐驼与僧人的另一称呼"头陀"语音相近，因而以"病僧"的身份出现；且因驼峰俗称肉鞍，所以高公俗姓安氏。

"卢倚马"，采用了拆字法为其命名。卢边有马，其字为驴（驢）。这位"卢倚马"本是河阴官府运粮之驴，途经此处时因太过疲乏，官府车队便留下了它。"前河阴转运巡官"的称号也来自于为河阴官府运粮之事。至于"胄曹参军"和"曹长"的称谓，则暗指"槽"。文中卢倚马穿着"皂裘"而有"搭白补处"，正好对应了这头驴"连脊有磨破三处，白毛茁然将满"的外形。

桃林客"朱中正"其实是一头牛。"朱中正"的名字来源于"朱"字的中间是个"牛"字，称其为"朱八"，也是拆字的应用，因为牛八可以合为一个"朱"字。而"桃林客"的称谓则用了《尚书·武成》中"放牛于桃林之野"的典故。至于"副轻车将军"的官衔名号，则是暗指这位"朱中正"本是一头用来驾车的牛。

"敬去文"是一条狗。"敬"字去掉反文旁，是苟字，与狗谐音。次日清晨，成自虚出村北曾见"群犬喧吠，中有一犬，毛悉齐裸，其状甚异，睥睨自虚"。想来昨晚的敬去文，必是此犬无疑。

秀才大清早"举视屋之北拱，微若振迅有物，乃见一小鸡蹲焉"，那只鸡正是"奚锐金"。奚字取了繁体"雞"字的左旁，"锐金"指的是装在斗鸡距（指雄鸡的后爪）上锐利的金属假距，用的是李白《答王十二寒夜独酌有怀》一诗中"君不能狸膏金距学斗鸡，坐令鼻息吹虹霓"的典故。

"胃藏瓠、胃藏立"两兄弟，是一对藏在破瓠（葫芦）和斗笠中的刺猬兄弟。秀才清晨在屋里发现了一个"盛饷田浆"破葫芦，以及一个为"牧童所弃"的破斗笠，"自虚因蹴之，果获二刺猬，蠕然而动"。

至于在众人口中称呼为"苗十"的"苗介立"，则是一只"大驳猫儿"。介立本意是孤傲、独立，且能够表现猫"蹲立"之状，作为一只猫的名字再合适不过了。苗介立又被唤作"苗十"，是因为"十"乃"五五"之数，而"五五"正好与猫叫声"呜呜"相谐。

在《东阳夜怪录》中，作为猫精的苗介立和作为犬怪的敬去文还有一段恩怨。从情节上推断，二人原本就不对付。在苗介立到来之前，敬去文就寻机评价苗生"气候哑吒，凭恃群亲，索人承事"。他说苗介立总会弄出很嘈杂的声响，而且仰仗着自己亲属众多，强要找别人帮他做事。苗介立来了以后，敬去文并未展现先前那般无理的态度，而是"伪为喜意"，还拍着苗生的背说："（你来了）适我愿兮。"这个转变的描写，将一些宠物犬人后快活拆家、人前驯服讨好的状态刻画得倒是很到位。

明　佚名《猫犬图》

后来，苗介立与众人坐论了一会儿，便要去胃家兄弟处"拉胃氏昆弟同至"。敬去文见苗介立走远，又接着在众人面前"是非介立"，他说："蠢兹为人，有甚爪距。颇闻洁廉，善主仓库。其如蜡姑之丑，难以掩于物论何？"翻译成白话就是这个苗介立为人甚蠢，也没啥本事。只不过听说他很廉洁，擅长仓廪之职。但就他那蜡姑（一种昆虫，即蝼蛄）一样的丑相，也难以避免他人的议论。

话音未落，苗介立已经带着胃氏兄弟回来了，听到敬去文背后议论自己短长，苗介立怒火中烧，撸起袖子道："天生苗介立，斗伯比之直下，得姓于楚远祖芈皇茹。分二十族，祀典配享，至于《礼经》。"他直叙自己是斗伯比的直系后代，这里的斗伯比是楚国第一代令尹，相当于宰相。斗伯比曾与表妹青梅竹马并私定终生，并有了孩子斗子文。后来二人被母亲拆散，私生子也被遗弃在荒野中。传说中这个弃儿在一只大虎的喂养下才幸存了下来，被接回后继承了父亲的衣钵，成为楚国历史上的著名令尹。苗介立所说的"祀典配享，至于《礼经》"指的则是《礼记·郊特牲》所记"天子大蜡八"中迎猫而祭的传统。自叙身世后，苗介立又痛斥敬去文"只合驯狎稚子，狞守酒旗"，并将狗子驯服、讨好人类的一面骂作"谄同妖狐，窃脂媚灶"。由此，一个孤傲、耿直、不屑谄媚人前的猫精形象跃然纸上。

作为一只不屑阿谀之姿、尽心专事仓廪的猫，苗介立也在这场以诗会友的精怪大会里，给出了一首描摹自己知恩图报、能辨黑白、不为厚禄所动的"猫生"原则小诗，诗曰："为惭食肉主恩深，日晏蟠蜿卧锦衾。且学志人知白黑，那将好爵动吾心。"

南泉斩猫：禅宗一段公案

南泉普愿（748—834），俗姓王，后世也尊称为"王老师"。他曾投江西洪州开元寺马祖道一学习禅法，是马祖道一的三大弟子之一（马祖道一师承怀让禅师，而怀让就是禅宗的实际创立者六祖慧能的弟子）。他在南泉山生活了三十多年，所建的寺院称"南泉禅院"，人称他"南泉禅师"。中国禅宗史上有两个与猫相关的有名公案，一个是南泉斩猫，一个是狸奴白牯，都与南泉禅师有关。

先来看看南泉斩猫。《景德传灯录》（卷八）载："师因东西两堂各争猫儿，师遇之，白众曰：'道得即救取猫儿，道不得即斩却也。'众无对，师便斩之。赵州自外归，师举前语示之，赵州乃脱履安头上而出。师曰：'汝适来若在，即救得猫儿也。'"

寺院里东西两堂的僧人抢夺一只猫儿，正好被南泉禅师遇到，他跟大家说："能说出就可以救下猫儿，说不出就要斩掉这只猫"，一众僧人无言以对，南泉便出手斩了猫。赵州禅师从外地来，南泉又用前面的话问他。赵州把草鞋脱下放在头上，慢慢出门而去。南泉感慨说："刚才要是你在这里，就能救得下这只猫了。"这则公案自古以来就被称作"难关"，南泉意在何处，赵州如何得解，历来见仁见智，众说纷纭，莫衷一是。

在尝试解读之前，我们先来看看历代禅宗祖师大德们的理解。《宗鉴法林》（卷十）列举了大量高僧对此的评价：

保福展云："虽然如是，也只是破草鞋。"

翠岩芝云："大小赵州只可自救。"

法林音云："大小赵州自救不了。"

雪峰存问德山："南泉斩猫意旨如何？"山以拄杖便打趁出。复召云："会么？"峰云："不会。"山云："我与么老婆，犹自不会。"

大沩智云："南泉据令而行，赵州见机而作。虽然如是，未免挂人唇吻。大沩要与南泉把臂共行。"遂拈拂子云："若道得即夺取去。"众无语。乃云："啼得血流无用处，不如缄口过残春。"

中峰本云："南泉剑，为不平离宝匣。赵州药，因救病出金瓶。虽然庆快一时，争奈古佛家风扫土矣。"

报恩秀云："正当恁么时，尽十方世界情与无情一齐向王老师手中乞命。当时有个汉出来展开两手，不然拦胸抱住云却劳和尚神用。纵南泉别行正令，敢保救得猫儿。"

博山来云："生擒活捉，王老师全提。起死回生，谂古佛手段。救得救不得，总不干他事。且道节文在什么处？"

愚庵盂云："还识南泉么？他是生铁铸就、浑钢打成，要向骊龙颔下摘珠，阿修罗手中夺印。赵州虽善来机，也是得张白狐裘，脱秦虎口。者两堂是苏秦、张仪投秦入赵，岂知天然王道宁可以口舌胜耶？"

历代禅师也通过诗偈表达对这一公案的理解：

白云端禅师：

提起两堂应尽见，拈刀要取活狸奴。

可怜皮下皆无血，直得横尸满道途。

保宁勇禅师：

其一

雪刃含光射斗牛，不惟天地鬼神愁。

命根落在南泉手，直下看看两段休。

其二

狸奴头上角重生，王老门前独夜行。

天晓不知何处去，楚山无限谩峥嵘。

佛心才禅师：

其一

伯牙之琴，鸾胶可续。

调古风淳，霜月可掬。

南泉南泉，龙象继躅。

其二

草鞋头戴与谁论，四海无风浪自平。

解道曲终人不见，江头赢得数峰青。

龙门远禅师：

其一

五色狸奴尽力争，及乎按剑总生盲。

分身两处重相为，直得悲风动地生。

其二

安国安家不在兵，鲁连一箭亦多情。

三千剑客今何在，独许将军建太平。

胡安国居士：

手握乾坤杀活机，纵横施设在临时。

满堂兔马非龙象，大用堂堂总不知。

光孝憨禅师：

南泉提起下刀诛，六臂修罗救得无。

设使两堂俱道得，也应流血满街衢。

或庵体禅师：

克己堂前开饭店，股肱屋里贩扬州。

头戴草鞋呈丑拙，凑成一对好风流。

无准范禅师：

尽力提持只一刀，狸奴从此脱皮毛。
血流满地成狼藉，暗为春风染小桃。

横川珙禅师：

一刀成两段，释得二僧争。
草鞋头戴出，猫儿无再生。

紫柏可禅师：

设使南泉不举刀，草鞋何地卖风骚。
相逢若问两堂客，鼻直眉横总姓猫。

久默音禅师：

干鱼怕死不吞钩，却有螺蛳跳上舟。
还把螺蛳来作饵，钓空跛鳖始方休。

绿雨蕉禅师：

> 誓扫匈奴不顾身，三千貂锦丧边尘。
>
> 可怜无定河边骨，犹是春闺梦里人。

　　除了上述有名的颂偈，南泉斩猫的公案还有大量禅诗。仅以宋代为例，《全宋诗》中便有如本"斩了猫儿问谂师，草鞋头戴自知时。两堂不是无言对，只要全提向上机"，绍昙"恶钳锤下番身，未必锋芒发露。不惟斩得猫儿，也解煞佛煞祖"，印肃"不因讪谤起冤亲，斩却猫儿不作声。尤赖赵州收得橛，草鞋搭脑笑忻忻"，印肃《摩尼歌》"老南泉，逞见解，提起猫儿人不买。一刀两断不曾分，主伴重重元不背"，守珣"要得狸奴觌面酬，浑如钳口锁咽喉。一刀两段从公断，直得悲风动地愁"，慧性《颂古七首·其七》"当阳利剑斩狸奴，刀下翻身会也无。脱下草鞋头戴出，石人吞却洞庭湖"之类。

　　在众多古人的解读中，宋代雪窦重显（980—1052）的解释最有影响："两堂俱是杜禅和，拨动烟尘莫奈何。幸得南泉举得令，一刀两断任偏颇。"两堂僧人心存欲念，争夺不休，南泉一刀而下，斩断是非根源。但白隐慧鹤（1683—？）对雪窦重显的"一刀两断"却不认同："雪窦说'一刀两断任偏颇'，我先不问'一刀两断'时猫怎么样，且说'一刀一断'时的猫是什么样的情形？"并进一步说："一刀两断是'杀人刀'，一刀一断是'活人剑'.'"

这种讨论一直延续到清代，顺治庚子（1660），顺治帝问木陈道忞禅师："南泉斩猫，意旨如何？"师曰："直逼生蛇立化龙。"上曰："赵州当日顶草鞋出去，南泉许为救得猫儿，若问老和尚合作么生下语？"师曰："老冻脓为他闲事，长无明作么？"清代有位契莲尼师，老师问她对此公案有何领会？她作偈云："斩猫机用谁能委？草履拿来费力多。只向低头舒一笑，任他伎俩自消磨。"这是一种更超脱的态度。近来友人武汉大学姚彬彬老师有一解，颇有新意："南泉所以'斩猫'者，盖斩去所谓'爱心''慈心'之类也！猫自猫，汝自汝，此猫偶游禅堂，与汝何干？两序大众爱心泛滥，岂得不斩？"

一般认为，理解这一公案的关键，在于"道得即救取猫儿，道不得即斩却"，斩猫是为了斩却两堂僧人的执念，指引众人直会大道。赵州禅师听闻此事，不言不语，却把走路用的鞋子顶在头上，则是一种有意的颠倒，表达的正是"道不得"。也指出了两堂争猫，实是本末倒置。斩猫自然不是南泉背离佛心，而是一种舍一切、破一切的"临机作用"。斩猫的深意在于得道，南泉理解的"道"是什么呢？在《赵州录》中记录了赵州禅师和南泉禅师有一段很有名的对话：

　　师问南泉："如何是道？"泉云："平常心是道。"师云："还可趣向否？"泉云："拟向即乖。"师云："不拟争知是

道?"泉云:"道不属知不知,知是妄觉,不知是无记。若
是真达不疑之道,犹如太虚,廓然虚豁,岂可强是非邪?"
师言下悟理。

赵州禅师问南泉普愿禅师:"什么是道?"南泉禅师答:"平常
心是道。"赵州禅师又问:"可以接近它吗?"南泉禅师回答:"你
打算接近就背离道了。"赵州禅师问:"不去接近它,怎么知道它
就是道呢?"南泉禅师说:"道不属于知和不知的范畴,知是妄
觉,不知是无记。如果真能够明白不疑之道,才会像太虚空一
样,空旷洞豁,怎么能强加于它是与非呢?"赵州禅师于言下顿
悟道的玄妙旨趣。这则对话在禅宗史上很有名,宋代绍昙法师的
《太虚》中总结说:"廓然寥豁绝边垠,一点云生翳眼尘。真达不
疑融万象,更须知有路翻身。"

南泉在向赵州解说道的时候,是通过对觉知、是非的否定
来展示道的内涵,这是不落知与不知、是与非的自然通透的平
常心。后来赵州禅师经常说口头禅"吃茶去"。有两位僧人从远
方来到赵州,赵州禅师问其中的一个:"你以前来过吗?"那个人
回答:"没有来过。"赵州禅师说:"吃茶去!"赵州禅师转向另一
个僧人,问:"你来过吗?"这个僧人说:"我曾经来过。"赵州禅
师说:"吃茶去!"这时,引领那两个僧人到赵州禅师身边来的监
院就好奇地问:"禅师,怎么来过的你让他吃茶去,未曾过的
你也让他吃茶去呢?"赵州禅师称呼了监院的名字,监院答应了

一声，赵州禅师说："吃茶去！"

很多人第一次认真读到南泉斩猫这则故事，是在日本作家三岛由纪夫的《金阁寺》里，这部小说多次讨论到这个公案，其中以"老师"的口吻解说道："南泉和尚斩猫，是为了斩断自我的迷妄，斩断妄念妄想的根源。通过冷酷无情的实践，把猫儿斩杀，意在斩断一切矛盾、对立、自他的执念。若称之为'杀人刀'，赵州的做法便是'活人剑'。他将沾着泥巴、被人厌恶的鞋子，以无限宽容之心顶在头上，从而践行了菩提之道。"禅宗《无门关》中有"眼流星，机掣电，杀人刀，活人剑"的说法，禅僧在教导修行者时，要具有"杀活自在"的力量。杀人刀、活人剑就是在譬喻这种力量。"杀活自在"是就主体处理对象的姿态而言。杀是否定对象，活是肯定对象。或杀是夺对象之有，使之成无，也就是斩断、打破参禅者的执念和情见，使之顿悟万法本空的道理；活是与对象以有，使之由无成有，如果参禅者一味沉没在空无的境界之中，那么"空"本身也会成为一种执着和障碍，这时候就要施展"活人剑"的手段，使参禅者从空无之中活转过来，回到风光宛然、色空无碍的"活泼泼"生命世界。对于三岛由纪夫来说，他似乎领悟到"杀人刀"，在他的心念中，猫活，则美活；猫死，则美死。他借小说人物沟口之口说，美是怨敌。所以心中的金阁，心中的美，是否也需要一刀斩下？斩猫与小说中的烧寺情节，重叠在了"至高的美"之上。

再来看另一则和南泉与猫有关的公案"狸奴白牯":

> 僧问:"南泉云:'狸奴白牯却知有,三世诸佛不知有。'
> 为什么三世诸佛不知有?"师曰:"未入鹿苑时犹较些子。"
> 僧曰:"狸奴白牯为什么却知有?"师曰:"汝争怪得伊?"

"狸奴白牯却知有"就是说狸奴白牯有佛性,但何以"三世诸佛不知有"?南泉普愿说"未入鹿苑时"(佛陀未曾讲法以前),意指佛性是一种本真自然的状态,即前文提到的"平常心是道"。

古人围绕这一公案,也创作了不少颂偈,这里仅以宋人为例,有黄庭坚"瞿昙不解祖师机,却许狸奴白牯知",又"白牯狸奴心即佛,铜睛虎眼主中宾";韩淲"庵高一宿觉,不是二乘禅。露柱灯笼里,狸奴白牯边";清远"狸奴白牯念摩诃,猫儿狗子长相见";宗杲"三世诸佛不知有,老老大大外边走。眼皮盖尽五须弥,大洋海里翻筋斗。狸奴白牯却知有,瀑布不溜青山走。却笑无端王老师,错认簸箕作熨斗。";惟清"三世诸佛,不知有恩无重报。狸奴白牯,却知有功不浪施";崇岳"狸奴白牯念摩诃,祖师不会西来意";大观"三世诸佛不知有,覆水难收。狸奴白牯却知有,头上安头"。大都以狸奴白牯的公案,宣说即心即佛、祖师西来无意。

宋

买猫养猫成潮流

有宋一代，家中养猫成了盛极一时的风尚。这一时期，家猫的存在也不单纯是捕鼠护粮，越来越多的宋代人意识到，猫还可以满足自己的陪伴需求。于是猫的地位也逐渐跳出六畜之外，开始拥有人类家庭成员般的优厚待遇。狮子猫等完全不能捕鼠的品种，在这一时期得到了人们的宠爱。

随着猫与人的关系越来越密切，这一时期也涌现出大量以猫为主题的绘画作品，其中有一批猫图流传至今，是绘画史上的瑰宝。人们不仅在现实生活中"撸猫"，甚至在宋人墓室的壁画中，也是猫影重重。而和猫相关的神奇故事，也被记录在各种文献之中，今天读来依旧妙趣横生。

宋人对精神生活的极致追求以及宋代高度发达的商业，使得养猫这种行为不仅在商品经济层面分化出了许多垂直品类，例如猫粮、猫窝、猫玩具、猫美容等；也在民俗层面形成了一系列颇具仪式感的人猫关系日常。

一个宋朝人如果决定养猫，他一定会先选个良辰吉日，带上"彩礼"，登门"聘"猫。《礼记·内则》有"聘则为妻"，《大戴礼记·盛德》有"婚礼享聘者，所以别男女、明夫妇之义也"，可见宋人已经把迎猫进门的仪式，做到了可与家庭成员并论的高度。

唐宋猫图

随着唐代家猫开始广泛进入人们的生活，爱猫的人们开始把猫画进画里。宋代的沈括在《梦溪笔谈·书画》中记录：

> 欧阳公尝得一古画《牡丹丛》，其下有一猫，未知其精粗。丞相正肃吴公与欧公姻家，一见曰："此正午牡丹也。何以明之？其花披哆而色燥，此日中时花也。猫眼黑睛如线，此正午猫眼也。有带露花，则房敛而色泽；猫眼早暮则睛圆，日渐中狭长，正午则如一线耳。"此亦善求古人之意也。

欧阳修得了一幅古代的牡丹图，牡丹下面窝着一只猫。宰相吴育分析，从花的形态，尤其是猫的眼睛是一条竖线来看，这显然是正午的牡丹。从文中描述的画风来看，很像是唐代花鸟画大家边鸾的作品。北宋董逌《广川画跋》（卷四）里记载：

> 边鸾作《牡丹图》，而其下为人畜，小大六七相戏状，妙于得意，世推鸾绝笔于此矣。然花色红淡，若浥露疏风，光色艳发，披哆而洁，燥不失润泽，凝之则信设色有异也。沈存中言有辨日中花者，若葳蕤倒下，而猫目睛中有竖线。世且信之，此特见段成式说尔。目睛竖线，点画殆难见矣。然花色妥委，便绝生意，画者不宜为此也。鸾名最显，而

于猫睛中不能为竖线，想余工决不能然。

这幅《牡丹图》宋代还被收入《宣和画谱》，可惜没有流传至今。有趣的是，古人后来一度根据猫的眼睛来判断时辰，《玉匣记》之类的书中都收有《猫眼定时辰歌诀》："子午卯酉一条线，寅申巳亥枣核形。辰戌丑未圆如镜（一作寅申巳亥圆如镜），辰戌丑未如枣核（一作十二时辰如诀定）。"

唐代中期有一位特别爱画珍禽异兽的画家叫韦无忝，他和画圣吴道子是同一个时代的人，曾经合作创作画卷《金桥图》。韦无忝画过不少关于猫的作品，在宋代《宣和画谱》中记录的内府收藏的画作中，韦无忝以猫为主题的画作就有三幅，分别是《山石戏猫图》《葵花戏猫图》和《戏猫图》。遗憾的是，这几幅作品都已经消失在历史的长河中。著名的画家张萱也有《仕女戏猫图》，今已不存，传世的《簪花仕女图》的画面中，有一位女性正在逗一只小狗。

《簪花仕女图》（局部）

唐五代以画猫闻名且有作品流传至今的，是著名画家刁光胤，他是唐末长安人，天复年间避乱入蜀，留居三十余年。《益州名画录》（卷中）记载："刁光胤者，雍京人也，天福年入蜀。攻画湖石、花竹、猫兔、鸟雀。性情高洁，交游不杂。"画猫是他擅长的题材，宋代内府收藏的他的二十四件作品中，有十幅是画猫的作品。刁光胤的作品现存不少。台北故宫博物院收藏有一幅他的《灌木游蜂山猫出谷》，也就是《蜂蝶戏猫图》，纸本，设色，纵33.9厘米，横36.3厘米，款存半个"光"字。画中白猫的眼睛瞪着树叶上的游蜂，神情十分生动。宋孝宗乾道元年御题诗，有"白泽形容玉兔毛，纷纷鼠辈命难逃。后村诗与涪翁咏，未及崔公一议高"之句，系后人伪造，因而有学者认为此画亦为赝品。事实上题诗为伪，乾隆、阮元早已发现，阮元《石渠随笔》即有记录，但显然他们都认为画作本身还是刁光胤原作。目前学术界关于这件作品的真伪还有较大争议，主要是晚唐刁光胤原作说和明人伪作说，尚无定论。刁光胤和猫相关的作品还有《桃花戏猫图》《竹石戏猫图》二件、《戏猫图》《子母猫图》二件、《子母戏猫图》《群猫图》《猫竹图》和《儿猫图》，均已失传。

猫蝶与耄耋同音，耄是指年纪约八十至九十岁，耋是指年纪为八十岁，有高寿的寓意。古人非常喜爱这种吉祥寓意，从黄居寀之后，历代都有不少猫戏蝶主题的画作。但需要注意的是，将"猫蝶"赋予"耄耋"的吉祥寓意，并非是宋代人的想

唐 刁光胤《蜂蝶戏猫图》

法，而是明代以后才有的潮流，不少宋代猫蝶主题的作品，是到了明代以后才被改名叫《耄耋图》。

五代至宋初，画猫的作品，有道士厉归真的《猫竹图》，王凝的《绣墩狮猫图》，郭乾晖的《猫图》，郭乾佑的《顾蜂猫图》，丘余庆的《月季猫图》《竹石戏猫图》等。郭乾晖和郭乾佑是亲兄弟。《宣和画谱》（卷十五）记载郭乾佑"又能画猫，虽非专门，亦有足采"。

当时最痴迷画猫的是李霭之和何尊师，专以画猫出名。黄筌、徐熙是当时顶级的绘画名家，也有不少画猫的作品。

李霭之是华阴（今陕西华阴）人。善画山水泉石，尤善画猫，为罗绍威所厚，特别建了一坐亭作为他援豪之所，名曰金波，因号"金波处士"。李霭之绘画绝大多数的主题都是猫，有《药苗戏猫图》《醉猫图》（三幅）、《药苗雏猫图》《子母戏猫图》（三幅）、《戏猫图》（六幅）、《小猫图》《子母猫图》《蚤猫图》和《猫图》等作品。《宣和画谱》（卷十四）称赞他画猫"盖世之画猫者，必在于花下，而霭之独画在药苗间，岂非幽人逸士之所寓，果不为纷华盛丽之所移耶"。他画猫不在花下而在药苗间，表现出幽人逸士的寓意。但可惜的是李霭之的作品没有任何一件能够流传至今。

何尊师的生平较为神秘，北宋仁宗时刘道纯的《圣朝名画评》（卷二）中说："何尊师，江南人，亡其名。善画猫儿，罕见其比，所画有寝者、觉者、展膊者、聚戏者，皆造于妙，观其毛色纯鬖，体态驯扰，尤可赏爱。"郭若虚的《图画见闻志》（卷四）说他"亡其名，阆中人。善画猫儿，今为难得"。《宣和画谱》（卷十四）中对他的记载稍微详细一些："何尊师，不知何许人也。龙德中居衡岳，不显名氏，常往来于苍梧、五岭，仅百余年，人尝见之，颜貌不改。或问其氏族年寿，但云'何何'；或问其乡里，亦云'何何'。时人因此遂号曰'何尊师'。不见他技，但喜戏弄笔墨。工作花石，尤以画猫专门，为时所称。凡猫寝觉行坐，聚戏散走，伺鼠捕禽，泽吻磨牙，无不曲尽猫之态度。推其独步不为过也。尝谓猫似虎，独有耳大眼黄不相同焉。惜乎尊师不充之以为虎，但止工于猫，似非方外之所习，亦意其寓此以游戏耳。"《洞天清录》中说何尊师画猫则老鼠纷纷远避。宣和时期御府所藏他的作品多达三十四件，其中三十三件是画猫的作品，包括《葵石戏猫图》（六件）、《山石戏猫图》《葵花戏猫图》（二件）、《葵石群猫图》（二件）、《子母戏猫图》《苋菜戏猫图》《子母猫图》《薄荷醉猫图》《群猫图》《戏猫图》（五件）、《猫图》《醉猫图》（十件）、《石竹花戏猫图》。

黄筌，字要叔，成都人，师从刁光胤。生前是后蜀国画院的负责人，后蜀灭亡后到宋都开封，不久便去世。他和他的儿子黄居寀、黄居宝开创了古代花鸟画的新流派，被宋人称为"黄家富贵"。后蜀广政七年（944），有人进贡了几只仙鹤，黄筌将仙鹤画在后宫偏殿墙壁，六只仙鹤或警觉、或啄苔、或理毛、或翘足、或仰天长唳，犹如真鹤附壁，以至于几只活的仙鹤也误以为是同伴，经常跃到墙边起舞，久久不愿离去。皇帝惊叹于黄筌的画艺，于是将这座偏殿命名为"六鹤殿"。黄筌还曾在后蜀国皇宫八卦殿的墙壁上画四时花鸟，由于画得极为逼真，飞在空中的苍鹰从远处看到了墙上画的雉鸡，竟然从天而降，连连扑击。故宫博物院收藏有他的《写生珍禽图》，画了鹡鸰、麻雀、鸠、龟、昆虫等动物二十四只，排列无序，但每一只动物都刻画得十分精确、细微，甚至从透视角度观之也无懈可击，神态都画得活灵活现，富有情趣，耐人寻味。黄筌关于猫的作品，主要有《牡丹戏猫图》（三件）、《戏猫桃石图》

《捕雀猫图》《逐雀猫图》《山石猫犬图》《竹石小猫图》《蝼蝈戏猫图》《子母戏猫图》《子母猫图》《食鱼猫图》《猫图》《猫犬图》。《子母猫图》也称《子母衔蝉图》，清代时被一位叫孙荪意的少女家中收藏，这位十七岁的少女，后来为她的著作取名叫《衔蝉小录》。

黄筌与猫相关的绘画今天都已不存。宋代李石有《题黄筌牡丹花下猫》一诗，对其中一件绘画做了细致描述，读之可以感受到黄筌图像的意境：

红英艳云霞，绿叶足风雨。

牡丹花未开，生意妙谁主。

丹青强摸索，闭目想未睹。

天巧非人工，神凝志良苦。

竦然花下猫，蜂喧聒如鼓。

醉眼不成睡，花气日亭午。

黄生与我意，盘礴一转语。

我老花无情，铅粉付儿女。

黄筌的儿子黄居寀，绘有《牡丹雀猫图》（二件）、《牡丹戏猫图》（三件）、《蜂蝶戏猫图》《戏蝶猫图》《竹石猫雀图》《竹石猫图》《子母猫图》《写生猫图》《捕雀猫图》；另一个儿子黄居宝，有《牡丹猫雀图》《雏猫图》《芙蓉猫图》《茴香戏猫图》。黄居寀是黄筌第三子。善画花竹、翎毛，为西蜀翰林待诏。蜀亡入宋，得宋太宗礼遇，黄家画法遂成宋初画院评画的标准。传世作品有《竹石锦鸠图》册页、《山鹧棘雀图》轴，均收藏在台北故宫博物院。

徐熙是五代南唐杰出画家，金陵（今江苏南京）人，唐僖宗光启年间出身于"江南名族"，后在宋开宝末年（975）随李后主归宋，不久病故。一生未官，郭若虚称他为"江南处士"，其性情豪爽旷达，志节高迈，善画花竹林木，蝉蝶草虫，其妙与自然无异。沈括形容徐熙的画"以墨笔画之，殊草草，略施丹粉而已，神气迥出，别有生动之意"。他绘画的题材和画法都体现出作为江南处士的情怀和审美趣味，与妙在赋彩、细笔轻色的"黄家富贵"不同，而形成另一种独特风格，被宋人称为"徐熙野逸"。徐熙画猫的作品，有《牡丹戏猫图》《蜂蝶戏猫图》《苋菜戏猫图》和《戏猫图》（三件）。

现存题五代南唐周文矩《仕女图》等图像中也可以看到猫的身影，但这件作品风格与周文矩相差极大，显然是很晚出的伪作。

宋代善于画猫的名家很多。徐熙的孙子徐崇嗣是北宋著名的画家，擅画草虫、禽鱼、蔬果、花木及蚕茧等。其画初承家学，因不合当时图画院程序和风尚，遂改学黄筌、黄居寀父子。后自创新体，所作不用墨笔钩勒，而直接以彩色晕染，世称"没骨图"，也称"没骨花"。他画的猫作品有《芍药戏猫图》

南唐 周文矩（传）《仕女图》

《草花戏猫图》《猫图》《花竹捕雀猫图》等。

　　宋初名家赵昌，字昌之，号剑南樵客，四川人。他在花鸟画上的成就卓著，甚至被推为工笔花鸟画的鼻祖。赵昌花鸟的最大成就和创造在于色彩的运用。沈括《图画歌》认为"赵昌设色古无如"，《图画见闻志》称其"惟于傅彩，旷代无双"。《宣和画谱》则称赞他"傅色尤造其妙"，《洞天清录》也称其"设色如新，年远不退"，存世的传为其真迹的作品有故宫博物院的《写生蛱蝶图》，台北故宫博物院的《画牡丹图》《画花鸟》《岁朝图》，大英博物馆的《双鹅图》，日本东京国立博物馆的《竹虫图》，美国大都会艺术博物馆的《蜂花图》等。虽然《宣和画谱》中评价他"又杂以文禽猫兔，议者以谓非其所长，然妙处正不在是，观者可以略也"，认为他不善于画猫，但当时他画猫的作品不少，有《牡丹猫图》《牡丹戏猫图》《萱草小猫图》《萱草戏猫图》《榴花戏猫图》二件、《踯躅戏猫图》二件、《竹石戏猫图》《醉猫图》《乳猫图》等，赵昌这些关于猫的作品均已失传。

　　易元吉，字庆之，长沙人，天资颖异，灵机深敏。初工花鸟，但当他看到赵昌画作后大为折服，认为要成为名家，必须摆脱前人旧习，"世未乏人，要须摆脱旧习，超轶古人之所未到，则可以谓名家"（《宣和画谱》卷十八）。于是游于荆湖间，搜奇访古，名山大川每遇胜丽佳处，辄留其意，"几与猿狄鹿豕同游，故心传目击之妙，一写于毫端间"。观察猿猴有所心得，因善画猿猴而闻名天下。古人认为獐猿画是易元吉"世俗之所不得窥其藩"的绝技。易元吉的作品流传至今的仅《猴猫图》《聚猿图》《獐猿图》及若干册页小品。

台北故宫博物院收藏的《猴猫图》，绢本，设色，纵32厘米，横57厘米。有宋徽宗瘦金书题写："易元吉猴猫图"，钤有"内府图书之印"和"宣和中秘"印，其余的收藏印，尚有梁清标、毕泷等民间藏家及清乾隆、嘉庆内府的印记共二十余方。画中主要描绘的是一只猕猴和两只虎斑猫。被系在一个小木桩上的猕猴，怀里还抱着一只张嘴的小猫，而另一只猫则在稍远处弓腰望着它们，神情惊慌，但是猕猴却气定神闲，好像因为抢到了小猫而得意洋洋。刻画猴、猫的性格情状和动态特征，极为生动形象，可谓入木三分。元代赵孟𫖯题词描述画面情景："二狸奴方雏，一为孙供奉携挟，一为怖畏之态。画手能状物之情如是。上有祐陵旧题，藏者其珍袭之。"不过从书法看，这段题跋显然不是赵孟𫖯的手笔，应该是后人伪托。清人孙承泽《庚子销夏记》（卷三）中记载："元吉《猴猫图》，载《宣和画谱》中，谓之《写生戏猫图》。猴一，挟一乳猫；又一乳猫畏怖而走。"

《猴猫图》的画法，先以精致的细线勾梳形廓和皮毛，再用浅色渲染，其画法介于黄筌、徐熙之间，又在黄、徐之外。明人张锡题跋对此画艺术水平做出了很高的评价："猴性虽猖，而愚于朝四暮三之术。狸虽曰卫田，而不能禁硕鼠之满野，是物

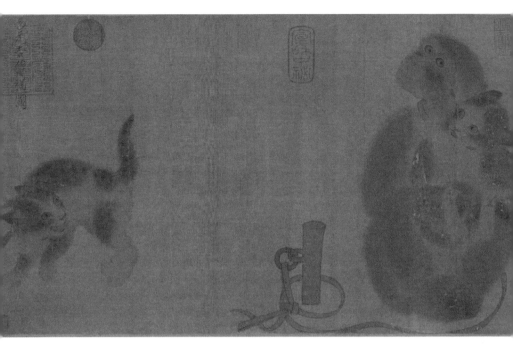

北宋　易元吉《猴猫图》

之智终有蔽也，是理姑置。今观易元吉所画二物，入圣造微，俨有奔动气象，又在李迪之上。信宋院人神品也。后有文敏小跋，字虽不多，而俊逸流动，遂成二绝矣。今为吾友郜君世安所藏，世安善鉴画能书，其得于是者必多矣，尚永宝之。"

　　从左侧猫脖子上的红色丝带来看，猫的主人是官宦人家。宋人《冬日婴戏图》《富贵花狸图》中的狸猫也有丝带装饰。

　　易元吉其他与猫相关的画作，还有《写生藤墩猫图》《写生戏猫图》三件、《鸡冠戏猫图》《子母戏猫图》《戏猫图》二件、《藤墩睡猫图》《睡猫图》等，均已失传。

北宋其他画猫的作品，还有崔白的《牡丹戏猫图》（二件），吴元瑜的《紫芥戏猫图》《子母戏猫图》，贾祥的《戏猫图》等。苏轼、宋徽宗也曾画过猫，台北故宫博物院还藏有传说是宋徽宗真迹的《耄耋图》，美国普林斯顿大学艺术博物馆藏有宋徽宗题的《猫犬相戏图》。

关于崔白的猫图，宋代还有个有趣的段子。宋朱彧《萍洲可谈》（卷三）中记载，"近世长吏生日，寮佐画寿星为献，例只受文字，其画却回，但为礼数而已。王安礼自执政出知舒州，生日属吏为寿，或无寿星画者，但用他画轴，红绣囊缄之，必谓退回。王忽令尽启封，挂画于厅事，标所献人名衔于其下。良久，引客蒸香，共相瞻礼。其间无寿星者，或用佛像，或用神鬼。惟一兵官所献乃崔白画二猫，既至前，惭惧失措。或云，时有囊缄墓铭者，吏不敢展，此尤失献芹之意"。当时长官过生日，下属照例要送寿星图，但惯例长官不会收图，只接收庆贺文字。王安石的弟弟王安礼主管舒州时有次过生日，有的下属一时间找不到寿星图，就找其他画作顶替，认为反正不会打开直接退回，内容是不是寿星也无所谓。万万没想到，王安礼不按常理出牌，竟然要求把下属所赠画作一一打开，悬挂在办公大厅。于是人们发现大家送的画作，大都不是寿星，有的是佛像，有的是神鬼，有个兵官送的正是崔白画的两只猫。当时有传言说，甚至有的人拿来的卷轴是一件墓志铭拓片，工作人员都没敢挂出来。

北宋 赵佶（传）《耄耋图》（局部）

北宋 佚名《富贵花狸图》

南宋　靳清《双猫图》

　　现在存世的北宋画作，还有佚名的《富贵花狸图》，此图画风工整华贵，出于北宋后期画院名家之手。

　　《富贵花狸图》为绢本设色图轴，著录于《石渠宝笈初编》，现藏于台北故宫博物院。图中绘花荫底下一只花色斑纹的猫儿双耳竖直，身体微拱，琥珀色的眼睛明亮，神情满是好奇，正直勾勾盯着一丛盛开的牡丹。牡丹花形巨大，枝叶鲜丽。《宣和画谱》（卷十三）中说："若乃犬羊猫狸，又其近人之物，最为难工。花间竹外，舞裀绣幄，得其不为摇尾乞怜之态。故工至于此者，世难得其人。"《宣和画谱》（卷十五）又说："绘事之妙，多寓兴于此，与诗人相表里焉。故花之于牡丹芍药，禽之于鸾凤孔翠，必使之富贵。而松竹梅菊，鸥鹭鸂鶒，必见之幽闲。"这幅图正是对这两者的实践。

南宋画猫的作品，流传至今的有十余幅。主要有苏汉臣（传）的《冬日婴戏图》（藏台北故宫博物院）、李迪的《狸奴小影图》（藏台北故宫博物院）、李迪的《秋葵山石图》（藏台北故宫博物院）、佚名的《（宋人）戏猫图》（藏台北故宫博物院）、佚名的《游猫图》（藏美国普林斯顿大学艺术博物馆）、靳清的《双猫图》（藏刘海粟美术馆）、许迪的《葵花狮猫图》（藏重庆市博物馆）、毛益（传）的《蜀葵游猫图》（藏日本大和文华馆）、佚名的《端午戏婴图》（藏美国波士顿美术馆）、佚名的《狸奴蜻蜓图》（藏日本大阪市立美术馆）、佚名的《狸奴图》（藏台北故宫博物院）、佚名的《五猫图》（藏台北故宫博物院）、梁楷的《狸奴闲趣图卷》（又名《蜂蝶戏猫图》，藏美国弗利尔美术馆）等。

这些画家画猫的水平在当时都得到广泛认可。如《图绘宝鉴补遗》记载："靳清，号野处，绛之驿卒也。遇异人得道，画猫能逼鼠。"

大宋猫市：从猫粮到猫美容

伴随着商品经济的高度发达，全民养猫之风在宋代愈演愈烈。

宋代皇宫中养猫不少，南宋有个流传极广的传说，在不少宋人笔记中都有记载，说宋孝宗就是因为一只猫而登上皇位的。宋代皇族非常独特，往往儿子早夭，十八位帝王中除去三位未能成年就去世或退位的，十五人中竟有宋仁宗、宋哲宗、宋高宗、宋宁宗、宋理宗五人无子继位。南宋第一位皇帝宋高宗无子，便在皇族中选拔继承人，最后有赵伯浩和赵伯瑛二人进入最后的环节，赵伯浩身材壮实，赵伯瑛身材瘦弱，宋高宗一眼就相中了伯浩，本来心意已决，大机已定，不成想这时出现一个插曲。一只猫从旁边窜了出来，伯浩看到猫上去就是一脚。高宗对伯浩虐猫的举动非常不满，认为他不具备帝王应有的仁者之心，当即就决定把他本来不看好的赵伯瑛立为继承人。伯浩则被他赏钱三百两打发回家了。而伯瑛后来改名伯琮，便是南宋第二位皇帝宋孝宗。

宋代民间也普遍养猫，《宋史·郑文宝传》中记载郑文宝安顿移民留屯贺兰山下，"募民以榆槐杂树及猫狗鸦鸟至者，厚给其直"。对要移居他处的人们来说，猫是日常生活的一部分，甚至还列在狗之前。

在大宋市场上，与家猫或者说宠物猫相关的商品和服务也变得异常丰富和细分，形成了宠物垂直品类。我们今天养猫常备的猫粮、小鱼干甚至猫薄荷，都可以在宋人的笔记、诗词等文学作品中找到踪迹。

宋代市场上活体猫儿的交易非常常见，细分的养猫产业也已经非常成熟。《东京梦华录》是一部记录北宋末期东京汴梁城盛况的风俗笔记，在这本书卷三的"诸色杂卖"条目中，作者孟元老就提到"养犬则供饧糟，养猫则供猫食并小鱼"的猫食店。记录南宋都城临安（今杭州）城市风俗和风貌的笔记《梦粱录》，也在其"诸色杂货"条目里提到了"养猫，则供鱼鳅"的说法。可见在宋代，"猫粮"这一垂直商品品类已经初具形态。据南宋《咸淳临安志》，临安的平津桥俗称猫儿桥，或许也和猫市有关。

送猫粮这种职业从北宋起源，一直延续到了民国。1940年2月17日《南京新报》刊登有陶觉非的《送猫鱼》一文：

> "拿猫鱼呀！"我在每天的早晨，都能够听到这种苍老的腔调。说起送猫鱼这职业，大都以上了年纪的老妇人为最多。因为她们一上了五六十岁的年纪，劳力的事情，当然是无精神去干的了，所以她们为了要解决生活问题，只有送猫鱼这一条路了。据她们告诉我说，她们每天所得的代价，简直低微到极点了。譬如你家有一匹猫，送到了月份，仅有两角大洋的代价。若以一天来计算，那么每天只

有两个铜子呀！她说的时候，老泪好像是在眼眶内打着滚呢！我猜她的内心之悲愤，是怨着米价太昂贵离奇，混不饱肚皮所致吧。哎！那只有天知道了！

在河网密布的东部南部地区，鱼鳅类是家养宠物猫的常见吃食。《转劫轮》中记载，著名理学家伊川先生程颐，看到喂猫的鱼，往往挑选其中还能生存的小鱼喂养起来。陆游《入蜀记》中说，他在杨罗洑（今武汉新洲区）"欲觅小鱼饲猫，不可得"。

在一些富户家中，猫不仅吃鱼，还吃鹿肉。《夷坚志·高氏饥虫》中就记载了一位宋朝从八品官员的母亲以鹿肉喂猫的故事："从政郎陈仆，建阳人。母高氏，年六十余……畜一猫，甚大，极爱之，常置于旁，猫娇呼，取鱼肉和饭以饲。建炎三年夏夜，露坐纳凉，猫适叫，命取鹿脯，自嚼而啖猫，至于再。"

有赖于民俗风物和自然环境的影响，宋人对猫的喂养习惯也存在地区差异。苏辙的曾孙苏谔（字伯昌）在出任长安（今西安）司刑曹的时候，令人买猫食。不想下人买来的却是猪衬肠。《清波杂志·卷九·猫食》记载了这个故事："苏伯昌初筮长安狱掾，令买鱼饲猫，乃供猪衬肠。诘之，云：'此间例以此为猫食。'"苏伯昌只好一笑置之，"留以充庖"，次日再上街给猫儿寻找更合适的食物，比方说羊肉，因为"盖西北品味，止以羊为贵"。

　　实际上，整个宋代以羊肉为尊，"饮食不贵异味，御厨止用羊肉"。宫廷宴会上的"肉"，一般指的都是羊肉。宋代羊肉地位很高，贫民大都吃不起羊肉，而是选择吃牛肉（当时为了保护耕牛，政府限制牛肉价格，以防人们杀牛卖肉赚钱，牛肉的价格很低，实际上古代牛肉价格都不高，牛肉价格超过猪肉不过是近五六十年的事情）。在宋真宗时期，每年御厨要消耗掉几万只羊。宋仁宗也很好吃羊，有天跟近臣说昨晚想吃烧羊辗转反侧睡不着。近臣问怎么不降旨取索（让人送来），仁宗说一旦取索，就会成为定例，增加很多负担，说不定会成夜杀羊。尽管仁宗如此克制，但御厨一天仍能用掉二百八十只羊，一年要超过十万头。皇帝们不仅自己吃羊，也喜欢给宰相赐羊，一般是三十头、一百头。羊还是宋代官员工资的一部分，宋真宗时规定，如官员外任无法携带家眷，每月增加工资用于贴补家庭，并发羊，不同职务发两头到二十头不等。这种作为工资的羊称为"食料羊"。士大夫阶层和市民阶层也无不以羊肉为美，羊肉的价格也远高于猪肉和牛肉。仁宗时做过宰相的杜衍说"平生非宾客不食羊肉"，只在有宾客来的时候才吃羊肉，这并不是他不喜食羊，而是因为他生活简约，把最好的羊肉留来待客。陆游在杭州做官时，吃到过枢密院厨房供给的羊肉，特别写诗记录："东厨羊美聊堪饱。"诗下自注："东厨，密院厨也。烹羊最珍。"在民间，羊肉便是美食的代名词，南宋时流行三苏文章，尤其是三苏的家乡四川，治学无不尊尚三苏，所以当时就有"苏文熟,吃羊肉;苏文生,吃菜羹"的谚语。

　　了解了宋代崇尚羊肉的背景,我们就知道苏伯昌给猫喂羊肉吃是非常"豪横"的行为。至此,宋人养猫的食谱里至少已经出现了鱼鳅、鹿脯、羊肉,以及猪衬肠。

　　除了猫粮之外,宋代还出现了宠物服务。另一部成书于宋末元初、追忆临安城市风俗的笔记体著作《武林旧事》在"小经纪"条中记载,当时临安城内除了有猫鱼、猫窝之外,还有"卖猫儿、改猫犬"。这里的"卖猫儿"就是如今宠物行业中的猫活体交易;而"改猫犬"则指的是猫、犬的美容服务,可见在宋代,"铲屎官"们已经分化出了"实用党"和"颜值党"两派。南宋流行狮子猫这种长毛猫,毛发浓密,观赏属性强,打理难度高。如今饲养过长毛猫的"铲屎官"应当深有体会,猫毛长得越长越浓密,就越是容易打结,有些长毛猫甚至还会沾着排泄物到处跑。这时候,猫咪本身的舔舐自净能力已经不足以为自己完成清理工作,常常需要人为帮助梳理开结,必要的时候还需要洗澡。因此,为猫狗剪毛、美容打理的"改猫犬"服务在宋代产生,有其广泛的社会需求渊源。

　　南宋市场上甚至还有专门将猫改成其他罕见的颜色用来兜售的骗局。《夷坚三志己》(卷第九)中有个故事发生在临安。孙三熟肉店的老板家养了一只奇猫。孙三每天出门就会故意大声叮嘱妻子:"都城并无此种,莫使外人闻见,或被窃,绝我命矣!我老无子,此当我子无异也!"邻居多次听到孙三与妻子的

对话，产生了强烈的好奇心，就想知道这只神秘的宠物到底长啥样。有一天趁孙三不在家，邻人偷偷去拽了那条拴猫的绳索。等他正要把猫牵到门口，孙三的妻子恰好出来抱回了猫。此时的街坊邻里终于看到了这只奇猫的"庐山真面目"，只见猫儿全身躯干四足都是深红色，没有一丝杂毛，众人见之"无不叹羡"。

孙三回来后知道猫已经为邻人所见，就气急败坏地鞭打妻子。自此之后，关于卖熟肉的孙三有一只奇猫的消息，也流传开来，传到了宫中一位正在四处寻找好猫的内侍耳中。内侍闻说，随即派人与孙三谈判，想买下红猫。反复议价了四次后，最终以"钱三百千"成交，也就是三十万钱。

孙三高价卖掉了猫以后，居然又痛打了妻子，并作出日日

惆怅的样子。而这位买得猫的内侍高兴坏了，以为获得了一个
了不得的品种，想要调驯后进献到御前。但是很快，猫身上的
红色就减淡了，不到半个月时间竟成了一只白猫。自觉上当受
骗的内侍再度去找孙三讨要说法，但孙三早已携妻搬离住地，
没了踪迹。众人这才反应过来，以往孙三"每出必戒其妻""痛
箠厥妻""复箠其妻"，以及卖掉猫以后"竟日嗟怅"的场景，
都是孙三夫妇二人为了高价卖猫而设下的骗局。所谓通体红毛
的猫，只不过是孙三照着给马染色的方法，将白猫染成了红色。

养猫仪式感：良辰、契约和聘礼

宋代人家里买猫添猫可不是件小事。宋人买猫称"聘猫"或者"纳猫"，他们还有一套完备的聘猫流程。"纳猫如纳妾"的说法大概也是从这时候发端的。元代宋鲁珍等编的《类编历法通书大全》（卷九）中就有"纳猫犬"，其项下有"相猫儿法""纳猫吉日""取猫吉日""猫儿契式"等。

如同嫁娶、迁屋、动土这类大事一样，宋人聘猫必得择一良辰吉日才能开始行动。在《居家必用事类全集》（丁集）中指出，"取猫吉日：天德、月德日，切忌飞廉日"。《类编历法通书大全》（卷九）中的记录更加详细："宜天德、月德、生炁日，忌飞廉日。宜天德、月德方，入吉，忌鹤神方、飞廉大杀方。"所谓的天德日、月德日、生炁日，是每个月特定的日子，例如正月的丁日就是天德日。具体如下表所列：

	正月	二月	三月	四月	五月	六月	七月	八月	九月	十月	十一月	十二月
天德	丁	申	壬	辛	亥	甲	癸	寅	丙	乙	己	庚
月德	丙	甲	壬	庚	丙	甲	壬	庚	丙	甲	壬	庚
生炁	子	丑	寅	卯	辰	巳	午	未	申	酉	戌	亥

飞廉是中国古代的年支十四星之一，也写作"蜚廉"。在道教中，飞廉星也叫大煞，其所理之方，不可兴工动土，移徙嫁娶。古人的世界里鹤神也是凶神，他一部分时间在天宫，这段

时间大家可以百事无忌，另一部分时间他巡游四方，所到之处，往往有灾殃，这时便需要回避。

聘猫之后，具体取猫的日期，则宜选择"甲子、乙丑、丙子、丙午、丙辰、壬午、庚午、庚子、壬子"等几个日子。

聘猫如同聘妻，选择最合适的对象也很重要。宋代陆佃《埤雅》："狸身而虎面，柔毛而利齿，以尾长腰短、目如金银及上腭多棱者为良。"宋元时期有一套评价猫的外形、健康的方法，称之为"相猫法"，当时有两首相猫歌诀，其一：

猫儿身短最为良，眼用金银尾用长。

面似虎威声要喊，老鼠闻之立便亡。

其二：

露爪能翻瓦，腰长会走家。

面长鸡种绝，尾大懒如蛇。

从这两首诗来看，当时对猫的评价，还是比较倾向于抓鼠看家的实用性。至于花色，则"纯白、纯黑、纯黄者不须拣"，花猫的话，则"身上有花，又要四足及尾花缠得过者方好"。

吉日已定，良猫已选，接下来就要写一张纳猫契约了。纳猫契更多是一种仪式感，上面的文字往往是一些吉祥话，记录着对猫的期许，诸如"无息鼠辈从兹捕，不害头牲并六畜，不得偷盗食诸般，日夜在家看守物，莫走东畔与西边"；此外还要约定相处的规则，如果猫儿因故逃离，则要"堂前引过受笞鞭"，并请东王公与西王母共同做个见证。最后需要郑重地签上主人的名字和立定契约的时间。与其说这是一张买卖双方的契约合同，不如说是一张立给猫儿的"婚前契约"，契约上的每一句话都仿佛在讲给猫听，将猫儿当做未来家中一个得力的"贤内助"来叮咛嘱咐。应该说，"猫儿契"并不是真正的契约文书，更多的是表达纪念、祝福之意。

我们现在可以看到宋元时期猫儿契的样式，文字略有不同，这里列举《类编历法通书大全》中的版本：

一只猫儿是黑斑，本在西方诸佛前。

三藏带归家长养，护持经卷在民间。

行契：是某甲卖与邻居某人。看三面断价钱。随契已交还。

买主愿如石崇福，寿如彭祖禄高迁。

仓禾自此巡无息，鼠贼从兹捕不闲。

不害头牲并六畜，不得偷盗食诸般。

日夜在家看守物，莫走东畔与西边。

如有故违走外去，堂前引过受笞鞭。

　　年　　月　　日　行契人

东王公证见南不去，西王母证知北不游。

　　良辰已具，契约已立，然后就可以准备聘礼，去迎猫入门了。宋人纳猫的聘礼多展现于文人诗词。譬如南宋诗人陈郁聘猫，是以一串小鱼为聘礼的，他在《得狸奴》一诗中说自己"穿鱼新聘一衔蝉"，"穿鱼"就是用柳条这样的细长之物将鱼

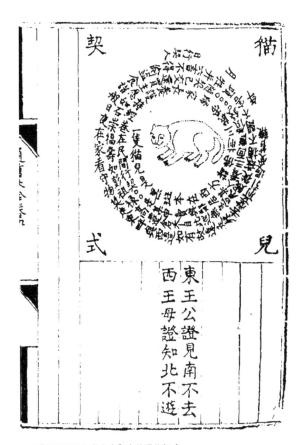

元代《类编历法通书大全》中的猫儿契式

南宋 佚名《狸奴图》

穿在一起，作为迎猫入门的聘礼。"衔蝉"也叫"衔蝉奴"，是古人对猫的雅称。"衔蝉"一词起先是指特定花色的猫，这种猫通体白色，口边有黑色色块，如同嘴里衔了一只知了，故而称之为"衔蝉"。从史料上看，最先给自己的猫取名为"衔蝉奴"的是后唐琼华公主。后来，"衔蝉"或者"衔蝉奴"就成了猫的别称。

在陆游的圈子里，则聘猫以盐。放翁本人的《赠猫》诗里就有"裹盐迎得小狸奴，尽护山房万卷书""盐裹聘狸奴，常看戏座隅"等句。而他的老师曾几则更是大方。曾几的《乞猫》诗里有"江茗吴盐雪不如"句，直言自己用来聘猫的盐，是洁白如雪的上等吴盐。当然除了盐之外，他还为主人带去了茶叶。

用盐聘猫似乎是江浙一带的民俗。清人朱彝尊的《雪狮儿》

词中，也有"吴盐几两，聘取狸奴"的描述。作者在这一句里进行了自注："吴俗以盐易猫。"后来，清人黄汉在辑录《猫苑》一书的时候，援引了张孟仙的话，解释了这一习俗的由来："吴音读盐为缘，故婚嫁以盐与头发为赠，言有缘法。俗例相沿，虽士大夫亦复因之。今聘猫用盐，盖亦取有缘之意。"原来用盐聘猫，是因为江浙部分方言里，"盐"和"缘"读音相同，可以讨个好彩头。

不过，盐在中国古代社会一直归于官府管辖，是掌握国家财政收入的重要手段。宋代亦是对盐实行专卖制度，禁榷私盐，因此盐价始终不低。陆游所生活的南宋时期，物价更是飞涨，有学者测算，在南宋初年，食盐的价格普遍在每斤150—200文。与陆游同时代的文人兼官员袁说友在其《作渔父行》中曾说："卖鱼日不满百钱，妻儿三口穷相煎。"一位渔民一天的收入，尚且只能买得了半斤八两盐，可见宋人聘猫的确是要花上一些本钱的。

这种用盐聘猫的风俗，一直流传到了近世。清代杭州籍文人高澜曾在《家有洋白猫持赠孙云凿并系以诗》中讲到自己将一只洋白猫送给友人时，要了对方许多上等的晶盐，是为"漫索晶盐才聘去"。根据《清稗类钞》的记载，在杭州等地，迎猫时，在裹盐之外，另加一束毛笔。聘猫加笔，取"逼鼠"之意。嘉庆年间周凯（1779—1837）有《迎猫》诗云："元宵闹灯火，蚕娘作糜粥。将蚕先逐鼠，背人载拜祝。裹盐聘狸奴，加以笔一束。尔鼠虽有牙，不敢穿我屋。"除了柳条穿鱼、裹盐与茗、笔之外，部分地区还发展出了用糖、苎麻聘猫的习俗。黄汉《猫苑》记录了清朝时期一些地区的聘猫风俗，如"瓯俗聘猫，则用盐醋""潮人聘猫，以糖一包""绍兴人聘猫用苎麻，故今有'苎麻换猫'之谚"。黄汉自己聘猫，则"盖用黄芝麻、大枣、豆芽诸物"。

宋代文人最爱猫

宋人的爱猫之情，在同时代文人墨客的作品中表现得尤为强烈，连黄庭坚、陆游这样的文豪大家，也都纷纷拜倒在狸奴的萌爪之下。宋人诗风从唐代的宏大叙事转向日常化和哲理化，诗人们生活中的爱猫便成了重要的吟咏对象。据统计，在《全宋诗》中，"狸"出现402次，"猫"出现184次；《全宋词》中，"狸"出现2次，"猫"出现3次。加起来"狸""猫"总共出现591次，远远超过了唐代诗词中狸、猫的出现频次。

与上节中"穿鱼聘猫"的陈郁一样，山谷道人黄庭坚也曾"买鱼穿柳聘衔蝉"。这只"衔蝉"也不是黄庭坚养过的第一只猫了。他在《乞猫》诗里写道："秋来鼠辈欺猫死，窥瓮翻盆搅夜眠。"家中老猫去世以后，老鼠们又开始活跃了起来，晚上翻盆进瓮，搅扰得人无法入眠。这一日，黄庭坚正好听说朋友家的母猫生了崽，"闻道狸奴将数子"，便想向友人"乞猫"。他用柳条穿了一串小鱼，兴冲冲地就去了。黄庭坚的这首诗写得诙谐有趣，宋人陈师道赞叹其诗句："虽滑稽而可喜，千岁而下，读者如新。"

买鱼穿柳的诗人自然不止黄庭坚，宋人刘一止《从谢仲谦乞猫》中写道：

> 昔人蚁动疑斗牛，我家奔鼠如马群。
> 穿床撼席不得寐，啮噬编简连帨帉。

主人瓶粟常挂壁，每饭不肉如广文。

谁令作意肆奸孽，自怨釜鬵无余荤。

君家得猫自拯溺，恩育几岁忘其勤。

屋头但怪鼠迹绝，不知下有飞将军。

他时生团愿聘取，青海龙种岂足云。

归来堂上看俘馘，买鱼贯柳酬策勋。

为了对付家中如马群狂奔的老鼠，他也聘来一只神勇的猫来"拯救"自己。在诗中，猫被称赞为"飞将军""青海龙种"，足见喜爱之深。类似的乞猫主题诗作在宋代尚有多篇，例如周紫芝《次韵苏如圭乞猫》："饥鼠窜旁舍，不复劳驱除。何为走老黦，贯鱼乞狸奴。"蔡肇《从孙元忠乞猫》："厨廪空虚鼠亦饥，终宵咬啮近秋闱。腐儒生计惟黄卷，乞取含蝉与护持。"曾几《乞猫》则说："春来鼠壤有余蔬，乞得猫奴亦已无。青蒻裹盐仍裹茗，烦君为致小於菟。"等等。

　　后来，黄庭坚买鱼穿柳聘来的这只猫儿也确实立下了煊赫的战功。在《谢周文之送猫儿》一诗中，他将这只小狸奴的丰功伟绩狠狠地夸奖了一番，诗云："养得狸奴立战功，将军细柳有家风。一箪未厌鱼餐薄，四壁当令鼠穴空。"其他诗人也有类似的感触。如李璜《以二猫送张子贤》诗云："吾家入雪白于霜，更有歆鞍似闹装。便请炉边叉手立，从他鼠子自跳梁。"赵蕃《谢彭沅陵送猫》诗中说："怪来米尽鼠忘迁，嚼啮侵寻到简编。珍重令君怜此意，不劳鱼聘乞衔蝉。"陈郁《得狸奴》："穿鱼新聘一衔蝉，人说狸花最直钱。旧日畜来多不捕，于今得此始安眠。"

如果说黄庭坚、刘一止等人只是初级猫奴，"乞猫"的目的主要是为了克制宅中的鼠患，那陆游则堪称宋代文人猫奴中的王者。在陆游的诗中，猫、狸两个字出现了整整30次。虽然陆游养猫的初衷也和绝大多数同时代的文人一样，是为了"尽护山房万卷书"，但过不多久，狸奴就成功俘获了这位大老爷的心，成了他乡间生活孤苦难耐时的精神慰藉。

陆游小时候家里大概就有猫，据他在《老学庵笔记》中回忆，他的父亲陆宰就非常喜欢黄庭坚的《乞猫》诗。等到陆游"裹盐迎得小狸奴"以后，猫儿在陆游家中兢兢业业地履行着自己的天职，一天都没有闲着。以至于彼时家徒四壁，既没钱买鱼也没钱置办一张好毛毯的陆游，反而对小狸奴尽忠职守的表现深感惭愧，他在《赠猫》诗中写道："惭愧家贫策勋薄，寒无毡坐食无鱼。"在《鼠屡败吾书，偶得狸奴，捕杀无虚日，群鼠几空，为赋》中他也说："鱼飧虽薄真无愧，不向花间捕蝶忙。"

这位文豪还会因为家贫而心虚。在《赠粉鼻》一诗中，他怯怯地询问小狸奴："问渠何似朱门里，日饱鱼飧睡锦茵？"粉鼻是陆游给猫儿取的名字。他那时大概觉得，要不是自己讨了它来，眼前的这只小粉鼻此时应该睡在大户人家华丽的锦茵之上，饱食终日、无所事事，而不会跟着自己过人类眼中的"苦日子"。

不过，好在狸奴并不嫌弃陆游的窘境。在"僵卧孤村"的那些日子里，猫儿与他共守禅房，互为陪伴。陆游在《十一月四日风雨大作》中，留下了"夜阑卧听风吹雨，铁马冰河入梦来"的绝世名句，但多数人却不知道，陆游以此为题的诗同时写有两首，刚才这句出自第二首，在第一首中还有另一个绝妙好句，备受当代"铲屎官"的青睐，那就是"溪柴火软蛮毡暖，我与狸奴不出门"。此外，陆游和猫"昼眠共藉床敷暖，夜坐同闻漏鼓长"的景象，与今天很多人工作、学习到再晚，自己的猫也一定陪伴在侧的情形别无二致。

既然猫是陪伴自己的家人，那么家人犯了懒，数日来并未履行捕鼠的责任，也就成了可以原谅的事情了。他在《赠猫三首》中也抱怨过"执鼠无功元不劾，一箪鱼饭以时来"。"不劾"就是不追究、不揭发，意思是，小狸奴开始变得不爱抓老鼠，但自己却并不追究。不仅不追究，陆游还会按时为小猫送上鱼饭，毕竟小狸奴可以安静地陪在自己身边，聊作宽慰。但猫儿可不会永远顺着人类的意思，它可以在身边一躺一整天，"看君终日常安卧"，也可以来来回回走来走去，或向花间扑蝶，或上房梁巡视，又或对着空气施以诡异的注目礼。对猫儿时常调皮不听话的表现，陆游也只好叹一句"何事纷纷去又回"，抒发充满爱意的牢骚。

宋人张邦基《墨庄漫录》（卷七）中记载："余友李璜德邵以二猫送余，仍以二诗。一云：'吾家入雪白于霜，更有欹鞍似闹装。便请炉边叉手立，从他鼠子自跳梁。'二云：'衔蝉毛色白胜

南宋 毛益（传）《蜀葵游猫图》

酥，搦絮堆绵亦不如。老病毗耶须减口，从今休叹食无鱼。'"这只叫"入雪"的白猫品相极佳，但任由老鼠出没而不去捕捉。即使是这样，张邦基也仍然愿意为了猫儿而省减自己的口粮。

　　如果说陆游、张邦基对猫的感情还有些许复杂，会发出"执鼠无功"的牢骚，也会因家贫感到惭愧，那么梅妻鹤子的隐士林逋对猫儿的态度，就属于爱得纯粹。他在《猫儿》一诗中说："纤钩时得小溪鱼，饱卧花阴兴有余。自是鼠嫌贫不到，莫惭尸素在吾庐。"得益于家中没什么鼠患，林逋觉得猫儿就算不那么尽忠职守、尸位素餐一些也没什么问题。

北宋宰相王安石，出了名地不修边幅，这个拗相公不要说洗澡，甚至脸都不常洗。宋代人的笔记里有段记载，说王安石面发黑，乃至满脸都是黧黑色，这让他门下众人很是不安，总觉得王安石得了什么大病，专门请了一位名医来诊疗。大夫上门，望闻问切只进行了第一步，就发现了"病根"，他告诉大家，王相公这脸色确实暗黑，但实在不是什么病，不过是他太久没有洗脸罢了。王安石脸都不怎么洗，澡就更懒得去洗了，有材料说他好几年都不洗一次澡，后来他的同事们实在看不下去，每隔一两个月就拉他去附近寺庙的澡堂去洗澡。王安石家也养着猫，显然这只猫的主人是王安石本人，而不是他的夫人。因为王安石的夫人有洁癖，她有次看见有只猫躺在自己衣服上睡觉，洁癖发作，把这件衣服挂在浴室，直到衣服腐烂，也不肯再穿。

宋代文人猫奴中，也不乏"猫前猫后"两副面孔的存在，比如南宋末诗人刘克庄。刘克庄曾连写两首《诘猫》《责猫》，来抒发自己对家中衔蝉猫在其位却不谋其职的不满。他在《诘猫》中说："古人养客乏车鱼，今汝何功客不如。饭有溪鳞眠有毯，忍教鼠啮案头书。"意思是，古人养门客，都不一定顿顿吃鱼，而我家的猫不仅能吃到溪鱼，睡觉也有毛毯，但它却丝毫不管家中老鼠纵横。《责猫》中更是威胁说年关将近，家里也不富裕，需要淘汰一些冗余之物，"岁暮贫家宜汰冗"，这件需要"汰冗"的"东西"，就是"首斑虚有含蝉相，尸素全无执鼠功"的猫了。不过，刘克庄的《诘猫》和《责猫》更多是在借自家猫的行径讽喻尸位素餐的南宋掌权者。类似的批评在古代与猫相关的文学作品中经常出现，宋人《文苑英华》中所收的晚唐陈黯《木猫说》便是讽刺："猫乃生育于农氏之室，及其子，已不甚怒鼠。盖得其母所杀鼠，食而食之，以为不搏而能食。不见捕鼠之时，故不知怒。又其子则疑与鼠同食于主人，意无害鼠之心，心与鼠类，反与鼠同为盗。"

　　猫不捕鼠，在宋代是普遍情况，尤其是一些外形漂亮的宠物猫。所以在很多诗词中都有体现。方岳《猫叹》中说："雪齿霜毛入画图，食无鱼亦饱於菟。床头鼠辈翻盆盎，自向花间捕乳雏。"林希逸《戏号麒麟猫》中也说："道汝含蝉实负名，甘眠昼夜寂无声。不曾捕鼠只看鼠，莫是麒麟误托生。"然而，诗人胡仲弓在《睡猫》一则中，一面责备家中狸奴不管鼠患，"瓶中斗粟鼠窃尽，床上狸奴睡不知"，无奈家人却对猫儿宠爱有加，"买鱼和饭养如儿"，虽然这个"儿子"不太听话，家人也养得无怨无悔。

　　和胡仲弓一样，在猫前，刘克庄虽然怨词颇多，但真到了猫走丢的时候，他反而对这只"饲养年深性已驯"的老衔蝉深感惋惜。虽然家里仍是"鼠行几案若无人"，但面对猫儿离家出走，刘克庄还是发出了"篱间薄荷堪谋醉，何必区区慕细鳞"的追问。园中的薄荷大约是特地为猫而种，猫儿却为何一定要为了顿顿吃鱼而离开我这贫寒之家呢？

可以说，猫儿作为陪伴型宠物的精神价值和捕鼠的实用价值已经在宋人身上呈现出平分秋色的倾向。"纳猫如纳妾"也有了与之相配的下一句顺口溜，"养猫如养儿"。

猫儿去世，对主人来说是重大打击。梅尧臣《祭猫》中说："自有五白猫，鼠不侵我书。今朝五白死，祭与饭与鱼。"甚至佛门高僧对于猫的离去也无法无动于衷。云岫法师有个猫儿叫作"花奴"，陪伴了他三年时光。在花奴过世后，云岫不仅为猫儿择地而葬，一应后事都如家人新丧，甚至还想着为花奴立碑，尽数花奴一生平鼠患、护家宅的卓越功勋。在《悼猫儿》一诗中，他说："亡却花奴似子同，三年伴我寂寥中。有棺葬在青山脚，犹欠镌碑树汝功。"

宋代僧人对猫的热爱，还可以在清代性音《禅宗杂毒海》中收入的三位南宋法师的诗作中窥见一斑。元衡怡云禅师的《谢猫》云："觅得狸奴最可怜，黑花高下巧相联。怡云会里慈悲种，鼠自翻盆渠自眠。"虚堂智愚禅师的《求猫》云："堂上新生虎面狸，千金许我不应移。家寒固是无偷鼠，要见翻身上树时。"南叟茂禅师的《失猫》是写所养猫走失后的情形，最能看到其爱猫之情："捕鼠生机颇俊哉，受他笼槛竟难回。劳人几度空敲碗，连唤花奴吃饭来。"猫儿不见之后，禅师在敲打着猫碗，喊着猫的名字"花奴"，希望它听到声音能赶快来吃饭。想象这一情景，今天养猫人可能都能会心一笑。

　　说起来，猫碗在佛教史还曾帮助过一位高僧开悟。《五灯全书》中记载，元代著名高僧千岩元长禅师在灵隐寺后山发奋参禅，"忽鼠翻食猫之器，堕地有声，恍然开悟，觉身跃起数丈"。老鼠打翻了猫食盆，哐当一声，法师的心也豁然开悟。千岩元长后来传嗣中峰明本，成为临济宗二十世高僧。

　　事实上，按照佛教戒律，僧人不能畜养猫儿，佛教大乘戒律经典《梵网经》中明确要求"若佛子，不得畜刀仗弓箭、贩卖轻秤小斗、因官形势取人财物、害心系缚破坏成功、长养猫狸猪狗。若故作者，犯轻垢罪"。《大般涅槃经》中说"若有说言佛在舍卫祇陀精舍，听诸比丘受畜奴婢仆使牛羊象马驴骡鸡猪猫狗……如是经律悉是魔说"。《沙弥律仪毗尼日用合参》中说"不畜猫狸等，皆慈悲之道也"。但猫的魅力战胜了法师们对戒律的坚守，让不少僧人也成为猫奴。

　　此外，还有像北宋徽宗时期的宰相张商英这样"高眠永日长相对，更约冬裘共足温"，与猫儿抵足共裘而眠的；也有像南宋状元姚勉这样"斑虎皮毛洁且新，绣裀娇睡似亲人"，看猫儿娇睡喜不自胜的；更有像工于花鸟的南宋画家张良臣"江海归来声绕膝，定知分诉食无鱼"这样，看猫如幼子般绕膝叫唤，便知道是来索食的。

　　今天的"铲屎官"们看到宋人养猫的这般景象，可算是找到那份刻在祖宗基因里的偏爱了。

古墓猫影：宋代墓葬壁画中的猫

猫完全融入了宋代人的日常生活，宋人不仅在现实生活中"撸猫"，在死亡之后的另一个世界里，也希望有猫陪伴。唐代末年，猫的身影最早出现在墓葬壁画中，河南安阳唐末赵逸公夫妇墓中最早出现猫的形象。宋代以后，猫的图像在墓穴壁画中频频出现，据学者统计，目前已经发现的有猫形象的宋墓壁画，约有20处，其年代大多在北宋晚期。

研究壁画一类的古代艺术，需要特别关注其中不同形象的表现部位，这关系到当时的思想、迷信及日常习俗。启门图是古代墓葬中一种常见的图像，这类图像在宋代开始从艺术走向写实。安阳小南海宋墓北壁中部有微开的假门，门涂为朱色，绘有门插和黑色泡钉。门上绘有妇人启门形象，在妇人的右上侧，绘有朱色假窗，窗下有一只猫和一个衣箱。猫通体黑色，颈系红绳，仿佛在警惕周围。目前发现的其他猫，也大都在假门旁或假窗下。

编号	墓葬名称	年代	猫的位置
1	许从赟墓	辽乾亨四年（982）	东北壁侍奉图，窗下
2	登封箭沟壁画墓	北宋	西北壁备侍图，假门旁
3	林县LM3宋墓	北宋元丰年间（1078—1085）	西壁北侧，假门旁
4	登封黑山沟李守贵墓	北宋绍圣四年（1097）	东北壁育儿图，北壁假门旁

编号	墓葬名称	年代	猫的位置
5	洛阳邙山壁画墓	北宋晚期至南宋初	南壁门边，窗下
6	安阳小南海壁画墓	北宋徽宗时期	北壁门旁，窗下
7	巩义涉村壁画墓	北宋晚期	西壁几上，不临门窗
8	白沙一号宋墓	北宋晚期	后室西北壁窗下
9	登封高村壁画墓	北宋晚期	东北壁备宴图，北壁假门旁
10	荥阳北宋石棺墓	北宋绍圣三年（1096）	右侧棺板，假门旁
11	林县城关宋墓	北宋元符政和年间（1098—1118）	窗下
12	荥阳槐西村宋墓	北宋晚期至金	北壁备宴图，紧挨假门
13	宜阳县高中金代砖雕壁画墓	金明昌五年（1194）	南壁门旁
14	井陉柿庄村5号墓	北宋晚期至金	西北壁案几，临近北门假门
15	井陉柿庄村6号墓	北宋晚期至金	东壁捣练图，柜上，不临门窗
16	汾阳东龙观M2宋金墓	金代早期	东南壁窗下
17	汾阳东龙观M5宋金墓	金代中期	东南壁窗下
18	侯马65H4M102金墓	泰和年间（1201—1208）	北壁几下，不临门窗

北宋墓葬壁画猫图像一览表，采集整理自杨涛《宋墓壁画中的猫的形象》，《大众考古》2019年第6期。

　　许从赟墓位于大同市西南郊新添堡村南，1984年4月发现，随后大同市博物馆展开抢救性发掘。根据墓志，墓主人许从赟官至辽国大同军节度使、检校司徒、上将军兼御史大夫，食邑

河南登封唐庄二号墓北壁妇人启门图（局部）

三百户。辽应历八年（958）病逝，乾亨四年（982）迁葬于云中县权宝里。在墓穴东北壁侍奉图的窗下，一只猫的身影赫然可见。

　　河南登封箭沟壁画墓在墓室西北壁备侍图中一角，绘有猫儿戏耍玩具的场景。高桌之上立有通体黑色的小猫一只，脖间系有白色丝带，回首仰视，猫前方有香球一枚。河南洛阳邙山壁画墓，在墓室南壁砖雕一方形圆腿小桌，桌面涂黑色。桌两侧分别用墨线勾绘一靠背椅。西侧椅上方绘一猫，猫首向西，作奔走状，墨线轮廓内填黑花，是小猫在椅间欢乐嬉戏的情态。河南白沙一号宋墓墓室后室西北壁左侧，绘有黄色藤制矮几，一只淡黄色狸猫蹲坐在矮几边。

河南荥阳槐西村宋墓出现在墓室北壁下部备宴图中，黑白色的狸花猫蹲坐在房间一角，目光正视前方，狸花猫后侧侍女二人。河南登封高村壁画墓中蹲猫形象在墓室东北壁备宴图中出现。二侍女手持物品正在向前室走去，在左侧侍女脚旁蹲有一只脖子上系着红带的黑花猫。墓葬壁画多是绘制在墓葬内壁，而河南荥阳北宋绍圣三年石棺墓却是阴线刻在石棺外部，环绕在石棺外围。图像的内容是墓主人在宴饮时观看杂戏场景，图像的角落里有一只猫。

在宋代有猫图像的墓葬中，登封黑山沟宋代李守贵墓壁画墓、巩义涉村壁画墓和侯马65H4M102金墓中还出现了猫雀组合图像，也就是猫和鸟雀在同一个画面出现。李守贵墓的东北壁育儿图，妇人坐在椅子上，怀抱一名幼儿，旁边的桌子上站着一个孩童。在孩童身边，一只颈系红色布巾的狸花猫蹲坐，嘴内叼有黄雀。河南巩义涉村壁画墓墓室为圆形，穹隆顶，中部为六个铺作，下部被六个倚柱分成六个壁面，六个壁面靠近阑额的地方绘24幅行孝图，下部绘砖砌家具与生活壁画。据发掘简报，西北壁壁画"壁面下方砖雕一高一矮方桌，均直足直枨，矮桌面板下缘做成牙条形状，高桌面板下饰牙条，高桌前边还雕有一柜，侧面装有合页。桌后幔帐高悬，帐下绘一高大

河南登封黑山沟壁画墓东北壁《育儿图》

的盆架，直搭脑，鼓腿鼓牙，搭脑上有白巾。盆架前的矮桌面上绘有一大一小两只狸猫，正在包袱上玩耍"。有学者认为这种鸟雀名为窃脂小雀，与猫结合，谐音为"耄耋"，有吉祥寓意，比喻福寿延年。

大宋狮子猫

在宋代，开始出现完全不具备捕鼠能力的猫，狮子猫便是其中代表。在《夷坚支志》中有一则《桐江二猫》，专门讲害怕老鼠的猫。狮子猫来自海外，不是今天临清狮子猫，是一种长毛猫，但也不是今天的波斯猫。早在北宋时候，狮子猫已经在贵族人家流行，《宣和画谱》（卷十四）中记载北宋画院待诏王凝善于画狮子猫，"下笔有法，颇得生意。又工为鹦鹉及师猫等，非山林草野之所能。不唯责形象之似，亦兼取其富贵态度，自是一格"。他的作品有《绣墩狮猫图》，可惜已经失传。

关于狮子猫的产地，元代王恽《狮猫》中有"何年变体自条支，锦烂修毛见两耏"的句子，是说狮子猫起源自条支国，也就是两河流域。明代史料中则有"暹罗产狮子猫"的记载。清代黄汉所著《猫苑》中认为："狮猫，产西洋诸国，毛长身大，不善捕鼠。"

"狮猫"在宋代贵族圈层里十分流行，当时临安城里的贵族以畜养观赏型的狮猫为门庭显赫的象征，狮猫不捕鼠也是时人的共识。以至于到了清代，一些文人在聘猫的时候，还要赶着啰嗦一句"恐换临安不捕狮"。《咸淳临安志》（卷五十八）中有记载："都（杭州）人蓄猫，长毛白色者，名曰狮猫，盖不捕之猫，徒以观美，特见贵爱。"但狮猫也不全是纯白，《梦粱录》（卷十八）中记载："猫，都人畜之捕鼠。有长毛、白黄色者称曰'狮猫'，不能捕鼠，以为美观，多府第贵官诸司人畜之，特见贵爱。"晚清徐珂编《清稗类钞·动物类》中说："狮猫以京师为多，状如狮，故得此名，有金钩挂玉瓶、雪中送炭、乌云盖雪、鞭打绣球等百余种，纯白者不多见。柔毛有长四五寸者。两眼必以异色为贵，名雌雄眼，都人尝以之与狮狗并称。"

这种狮子猫不吃老鼠，只能以"炙猪肝与食，令毛皯润"。烤动物肝脏在古代是很著名的美食，《礼记·内则》中提到周代一种珍肴叫"肝膋"，做法是"取狗肝一，幪之以其膋，濡炙之，举燋其膋"，就是用狗肝，蒙上狗肠间的脂肪（也就是狗网油），让脂肪浸润进狗肝，再放在火上烤，使脂肪都焦熟。后人将这道菜列入周代最美味的八珍之一。后代也用牛、羊、猪的肝来做这道菜，称之为"肝炙"。宋代富贵人家养狮猫，专门喂食这种肝炙，足见珍爱。

关于狮子猫有个很有名的故事。秦桧的孙女小名童夫人，极爱一只狮猫，有天这只"小祖宗"忽然不见了，秦桧马上勒令临安府限期访求。到了期限还是没有找到猫，临安府捕系邻民，且要弹劾兵官，兵官惶恐，只能步行求猫。凡是杭州城里的狮猫，全都抓捕起来，但都不是秦家的那只。大家又贿赂秦府的老人，询问这只猫的细节，绘制成图像数百张，张贴在各个人流量大的茶馆，但依旧一无所获。后来按照狮子猫的样子，送了童夫人一只一样大小的纯金猫，这事才算了结。当时有人写诗嘲讽："童夫人尚有童心，雪色狮猫爱护深。堂上甗甀春不管，伺他风蝶卧花阴。"后代《三言二拍》之一《喻世明言》中有一篇《游酆都胡母迪吟诗》，开篇引子中，也提到了这个故事：

> （秦桧）其子秦熺，十六岁上状元及第，除授翰林学士，专领史馆。熺生子名埙，褓褓中便注下翰林之职。熺女方生，即封崇国夫人。一时权势，古今无比。且说崇国夫人六七岁时，爱弄一个狮猫。一日偶然走失，责令临安府府尹，立限挨访。府尹曹泳差人遍访，数日间拿到狮猫数百，带累猫主吃苦使钱，不可尽述。押送到相府，检验都非。乃图形千百幅，张挂茶坊酒肆，官给赏钱一千贯。此时闹动了临安府，乱了一月有余，那猫儿竟无踪影。相府遣官督责，曹泳心慌，乃将黄金铸成金猫，重赂妳娘，送与崇国夫人，方才罢手。只这一节，桧贼之威权，大概可知。

宋代人还有狮子猫形状的玩具，《梦粱录》中记载的"诸色杂货"中，就有"狮子猫儿"，是和黄胖儿、麻婆子、桥儿、棒槌儿、影戏线索、傀儡儿等并列的小玩具。

从宋到清，狮猫都是猫中珍贵的品种。明嘉靖帝朱厚熜最爱的一只猫也是狮子猫，死后"上痛惜之，为制金棺葬之万寿山之麓，又命在直诸老为文，荐度超升"（《万历野获编》卷二）各位阁老都因题窘不能发挥，唯有礼侍学士袁炜文中有"化狮成龙"等语，大为嘉靖赞赏，因此将他火速提拔。清代震钧《天咫偶闻》（卷十）中说："诚以狮猫为京师尤物，上自宫掖，及士大夫，及红闺俊赏，无不首及于此。"《猫苑》中说："狮猫，历朝宫禁卿相家多畜之。"

在古人的笔下，狮子猫也不是全然不能捕鼠，《聊斋志异》中就记载了一只颇有捕鼠谋略的狮子猫：

> 万历间，宫中有鼠，大与猫等，为害甚剧。遍求民间佳猫捕制之，辄被啖食。适异国来贡狮猫，毛白如雪。抱投鼠屋，阖其扉，潜窥之。猫蹲良久，鼠逡巡自穴中出，见猫，怒奔之。猫避登几上，鼠亦登，猫则跃下。如此往复，不啻百次。众咸谓猫怯，以为是无能为者。既而鼠跳掷渐迟，硕腹似喘，蹲地上少休。猫即疾下，爪掬顶毛，口龁首领，辗转争持，猫声呜呜，鼠声啾啾。启扉急视，则鼠首已嚼碎矣。然后知猫之避，非怯也，待其惰也。彼出则归，彼归则复，用此智耳。

皇宫中的大鼠厉害非常，民间再厉害的猫都不是它的对手，送来捉捕它的猫都反而被它吃掉。而这只外国送来的雪白狮子猫，却精通谋略，先示之以弱，躲避忍让，来回数百次，直到大鼠疲累不堪，才忽然急下抓扑鼠头，最后在相持中咬碎了鼠头，战胜了这只神奇的鼠王。这则故事应该是从明代王兆云《湖海搜奇》中的一则记载演变而来，大概是说当代衍圣公家有巨鼠为患，猫往往反被老鼠吃掉。有西方商人带来一只猫，外貌寻常，但索要五十金，宣称保证去除鼠患，衍圣公不信，商人说要不我们签订一个合同，先让猫去捕鼠，能成功就付钱，不成功就免费，衍圣公答应了他。猫到了仓库，与老鼠互相僵持，最后拼斗数十回合，互相咬断了对方的咽喉，最终一起毙命。后来大家去看这个老鼠，居然重达三十斤。

古代世情小说中，也往往有狮子猫出场，作为推动情节的重要工具。在《金瓶梅词话》第五十九回中，有一段对潘金莲猫的叙述：

都说潘金莲房中养活的一只白狮子猫儿，浑身纯白，只额儿上带龟背一道黑，名唤"雪里送炭"，又名"雪狮子"，又善会口衔汗巾儿拾扇儿。西门庆不在房中，妇人晚夕常抱着他在被窝里睡。又不撒尿屎在衣服上。妇人吃饭，常蹲在肩上。喂他饭，呼之即至，挥之即去。妇人常唤他是"雪贼"。每日不吃牛肝干鱼，只吃生肉半斤，调养得十分肥壮，毛内可藏一鸡弹。甚是爱惜他，终日抱在膝上摸弄，不是生好意。

这只猫在后续的情节中有重要的推动作用，吓死了李平儿的儿子官哥儿。书中写道："潘金莲见李瓶儿有了官哥儿，西门庆百依百随，要一奉十，故行此阴谋之事，驯养此猫，必欲谋死其子，使李瓶儿宠衰，教西门庆复亲于己。就如昔日屠岸贾养神獒害赵盾丞相一般。正是：花枝叶底犹藏刺，人心怎保不怀毒。"

清代小说《醒世姻缘传》中也有关于狮子猫的描写："只见一个金漆大大的方笼，笼内贴一边安了一张小小朱红漆几桌，桌上一小本磁青纸泥金写的《般若心经》，桌上一个拱线镶边玄色心的芦花垫，垫上坐着一个大红长毛的肥胖狮子猫，那猫吃的饱饱的，闭着眼，朝着那本经睡着打呼卢。"这只狮子猫的奇特之处在于全身红毛，自古以来没有通红的猫，宋代就有人将猫染成红色骗人，明代后宫也有人把猫染成大红色，《醒世姻缘传》里这只猫当然也是市井骗局。

历代也有不少关于狮子猫的诗句。陆游《鼠屡败吾书，偶得狸奴，捕杀无虚日，群鼠几空，为赋》："服役无人自炷香，狸奴乃肯伴禅房。昼眠共借床敷暖，夜坐同闻漏鼓长。贾勇遂能空鼠穴，策勋何止履胡肠。鱼飧虽薄真无愧，不向花间捕蝶忙。"其小注云："道士李胜之画《捕蝶狮猫》以讥当世。"道士李胜之的画，陆游的诗，都在以不事捕鼠的狮子猫，讽刺当时不务正业贪图享乐的官员。元代程钜夫有《题武仲经知事狮猫画卷》："金丝色软坐常温，饱食深宫锦作墩。若使爱书无法吏，诗人应叹鼠翻盆。"其后小注云："狮猫盖旧时禁中所养，

南宋　龚开（传）《钟进士移居图卷》（局部）

好洁善馋而不捕鼠。吁！养猫所以捕鼠也，以捕鼠为职则目不停伺、爪不停攫，庶几无负所养者。是猫也，褥温而坐安，毛泽而体肥，养之者至矣，而澹乎若无营焉，所职何如哉！岂无崔祐甫乎将执笔以议。""崔祐甫乎将执笔以议"是一个典故。

南宋 佚名《五猫图》

《旧唐书·五行志》记载，"（大历）十三年六月戊戌，陇右汧源县军士赵贵家，猫鼠同乳，不相害，节度使朱泚笼之以献"。丞相率百官称贺，中书舍人崔祐甫则认为："此物之失性也。天生万物，刚柔有性，圣人因之，垂训作则。《礼》：'迎猫，为食田鼠也。'然猫之食鼠，载在祀典，以其能除害利人，虽微必录。今此猫对鼠，何异法吏不勤触邪、疆吏不勤捍敌？据礼部式录三瑞，无猫不食鼠之目，以此称庆，理所未详。以刘向《五行传》言之，恐须申命宪司，察视贪吏，诫诸边境，无失儌巡，则猫能致功，鼠不为害。"后来他的看法得到了唐代宗的赞同。

明胡应麟《题花石狮猫图》云"长日花阴下，安眠雪作肤。玉人春梦醒，何处唤狸奴"；明代边贡的诗则说"异质人所贵，能令防窟虚。如何北窗下，闲卧饱溪鱼"，都写出了狮子猫的养尊处优。

敦煌文献里猫的痕迹

1900年6月，一个偶然的机会，道士王圆箓在莫高窟17窟（俗称"藏经洞"）发现了大批写本文献和少量刻本。藏经洞大约封闭于11世纪，其中所藏的经典大都是残缺不全的，这并非是当年寺院（莫高窟所在的寺院当时叫三界寺）的图书馆因为某种原因被废置填埋，而是三界寺僧人道真修复佛经的"实验室"。

莫高窟藏经洞被发现时，正处在清王朝末期，清廷最高统治者和当时甘肃、敦煌地方官员都对这一宝藏不够重视，使其没有得到应有的保护。英籍匈牙利人斯坦因（Stein）曾在1907年和1914年两次到达敦煌，采用哄骗等手段，从王道士手中获得汉文敦煌遗书13600多件，吐蕃文及其他文字文献约2000件，此外还有绢、纸绘画等艺术品。其中有一件《解梦图册页》，是表现于阗神灵的纸画，共三页，正反面绘制，共六身像，神灵均为女性。3号页背面所绘画的神灵上身赤裸，下身着短裙，其头部为猫首，有小儿在神灵怀中，画上题识说："此女神名磨伽畔泥。若梦见训候小儿天□□满水猴子见□展两手与，即知此神与□，祭之吉。"另一页所绘的神灵上身赤裸，红色帔帛绕臂，着蓝色下衣，头部为猫首，有小儿在神足边。画面的上方为于阗文和汉文书写题识："此女神名磨难宁。若梦见猫儿小儿吐舌及□□即知此神与患，祭之吉。"事实上在佛教典籍中确实记载有猫首人身、与儿童相关的神灵。后魏菩提流支译《佛说

敦煌藏经洞绘画，猫首女神磨伽畔泥，
现藏大英博物馆

敦煌藏经洞绘画，猫首女神磨难宁，
现藏大英博物馆

护诸童子陀罗尼咒经》中说有十五种鬼，"常游行世间，为婴孩小儿而作于恐怖"，其中有一位叫"曼多难提者，其形如猫儿"。后来宋代施护所译《佛说守护大千国土经》中，也说有一批"罗刹复现种种可畏之状，令诸童男童女恒常惊怖"，其中"么底哩难那形如猫儿"，从其形象和功用来看，显然和敦煌藏经洞所发现的猫首鬼神像是非常类似的。

这类猫首神灵是西域长期信仰的对象，我国隋唐时期流行的猫鬼神信仰，最早的记载都是在起步于北周时期西部的少数民族家族，例如来自云中（今内蒙古和林格尔县）又长期镇守今甘肃一带的鲜卑独孤氏家族，他们完全有可能受到西域信仰的影响，又随着他们进入隋唐政权的大贵族行列，推动了相关信仰在中原地区的传播。当然，猫鬼神主要影响力还是在西北地区。

继斯坦因之后来敦煌盗宝的是法国的伯希和（Pelliot）。1908年，伯希和率法国"探险队"来到敦煌，又从王道士手中骗取7000多件敦煌遗书，其中汉文文书4000多件，吐蕃文等其他文字文书3000多件。伯希和精通汉语和多种文字，盗走的经卷文书虽然数量比斯坦因少，但从质量上说多是藏经洞中的精华。俄国佛教艺术史家奥登堡（Oldenburg）受研究东亚和中亚的"俄国委员会"的派遣，曾于1906—1909年、1914—1915年两次率"探险队"前来中国。在第二次来华"探险"期间，奥登堡曾经在敦煌停留了好几个月。奥登堡抵达敦煌之时，莫高窟藏经洞已经过英、法、日"探险队"的数次劫掠，又经过清朝官府的一次清理，照理说应该所剩无几了，但实际上奥登堡的收获并不算小。他不仅搜集到19000余件敦煌经卷文书，还得到大约350件绢、纸绘画品。在奥登堡带去俄国的敦煌文献中，就有著名的《猫儿题》。

这一文献全幅25.3×25.5厘米，上下各画有一行由黑三角与折线组成的花边，中间为《猫儿题》，文字是"邈成身似虎，留影体如龙。解走过南北，能行西与东。僧繇画壁上，图下镇悬空。伏恶亲三教，降狞近六通。题记"。在纸张的另一面，还写有四行佛名"南无东北方无忧佛，南无无量寿佛，南无观世音菩萨，南无大通智胜如来"。这首诗本来应该是和一幅猫画在一起，共同起到保护佛经免受鼠患的作用。

宋代邓椿《画继》（卷五）记载："道宏，峨眉人，姓杨，受业于云顶山。相貌枯瘁。善画山水、僧佛，晚年似有所遇，遂复冠巾，改号龙岩隐者。其族甚富，宏不复顾，止寄迹旅店，惟一空榻，虽被襆之属亦无有。每往人家画土神，其家必富，画猫则无鼠。"普通人家悬挂僧人们绘制的猫图，有希望隔绝鼠患的寄托。对于敦煌的寺院来说，猫画意在守护佛经，有趣的是，关于中国人养猫的起源，古人就有"释氏因鼠咬佛经，故唐三藏往西方带归养之"的记载，宋元时期流行的猫儿契中，也有"三藏带归家长养，护持经卷在民间"的字样。可惜的是，这一文献残缺不全，只留存了《猫儿题》诗，缺少了猫图。

果报与灵变：宋代笔记中的猫传奇

在爱猫之心人皆有之、养猫畜猫蔚然成风的宋代，人们已经有了"我们如此爱护猫儿，是否会得到猫儿的报恩"的幻想。受到佛道教民间信仰的影响，宋代以来，还出现了人因为做了恶事，堕入畜生道转世为猫的报应故事。

北宋方勺的《泊宅编》中有则故事，是说和州乌江县高望镇有座升中寺，寺中有一位僧人生病借了方丈的钱，很长时间没能偿还，病重之际，自誓为畜产以报。很快这位僧人去世后，方丈白天小憩，梦到病僧披衣入床下，醒来很是惊讶。没多久，寺里养的猫生了一只小猫。小猫长大后非常温顺，一旦有客人来，它一定会提前通报，有陌生人来，则谨慎地跟在后面。有人知道它是病僧转世，故意用那位僧人的名字喊它，它一定会生气地前来撕咬。如果方丈用病僧的名字喊它，它就会昂首号叫，好像在请求方丈帮忙隐瞒这件事。

北宋何薳所撰的笔记集《春渚纪闻》中，也有一则《受杖准地狱》的故事，是说杭州宝藏寺有一位法号志诠的主藏僧，管理着寺庙中所有的善男信女施予的香火钱，而"无毫发侵用"。有一天，一名寺僧向志诠借走了公款一万钱，并承诺会以三千钱作为利息给付。还款日，借钱的寺僧也信守承诺归还了一共十万三千钱。而主藏僧志诠却以为这多余的三千钱已经不再属于寺庙的"常驻物"（即供僧人受用的常备物），便挪用了这些钱买了香烛。

这位志诠和尚养了一猫，猫儿非常乖巧，起居都不离身。猫去世后，有天托梦给志诠，说自己前生并非猫，这一世托为猫身只是为了偿还前世的过错。如今报偿已尽，自己也就回到地府做回了冥官。但"蒙师六年爱育之恩，每思有以报效"，此番托梦就是想偿还志诠和尚的养育恩情。冥官告知志诠，早前他因借钱给寺僧而获得了三千钱利益，而后又私下将三千钱买了香烛，实乃过错，"是亦准盗法，当受地狱一劫之苦"。好在这一过错可以有"比折之报"，只要在世间受刑十三杖，就可以折算地狱一劫。又一日，钱塘县官携家眷入寺参拜，"僧适尽赴供，无一人迎门者"。县官心下恼怒，暂时隐忍，却在前往拜访方丈的途中，踩到了不知从哪里出现的猫屎。县官登时大发雷霆，誓要惩治寺庙住持僧。志诠和尚此时恰从旁经过，成了县官一肚子怒火的发泄对象。他被县官仆从捉来，不由分说挨了十三杖。志诠幡然醒悟，这便是当时梦中托为猫生的冥官所说的"比折之报"。这只猫之所以成为猫，是前世为恶的报应，为猫期间被主人照顾，又有了报恩的想法，县官足底的猫屎，大概就是报恩之猫的手笔。

两宋之际的叶梦得在《避暑录话》中记载，宋徽宗时期有位著名的道姑叫虞仙姑，年八十余，依旧面如少女，据说能行一种叫"大洞法"的神仙之术。有次宋徽宗让虞仙姑去蔡京家，蔡京请虞仙姑吃饭，虞仙姑看到桌前有一只大猫，便抚摸着猫背跟蔡京说："你还认识他吗？他就是章惇啊。"章惇是北宋中期政治家，蔡京早年也曾攀附他。

早期这些猫轮回报应的故事，主角都是僧人或道士，说明这是受到佛教、道教民间化思潮影响的产物。宋代一些故事还强调修习佛法，可以转猫为人。南宋马纯《陶朱新录》记载："郭尧咨献可妻高氏，日诵《白伞盖咒》。郭氏兵火后避地山阳，一日，献可谓之曰：'汝诵此咒何益？'因戏指所畜猫曰：'能令此猫托生为人否？'高氏遂于猫前诵其咒，是夜，猫果死。献可以为偶然，又数日，捕得野猫，又谓高氏曰：'能更使此猫为人乎？'高为诵咒，其猫夜亦死。"

到了明清两代，类似的故事数量极多。例如明代侯甸的《西樵野记》中，记载弘治初年，苏州北寺有位叫了庵的僧人养着一只白猫，极为聪慧。僧人每次出门就把钥匙交给它，每次回来敲门，它就叼着钥匙从家里跳出来，其他人敲门则毫无反应。猫在寺里呆了五年，有天僧人夜里做梦，梦见猫变为人形，跟他讲："我前世就是你的朋友周海，欠你银子二十两一直没还，因此变成猫来还债。明天我的债就还完了，从此要离开了。"僧人醒来大为惊讶，第二天猫果然不知所踪。

再如清代《惊喜集》中，记录一位叫何春渠的人，以在东北贩卖人参为业。他的儿子极为聪慧，可惜在刚刚娶了媳妇后，贩卖人参遇到白莲教之乱，死在路上没能回来。刚过门的妻子天天吃斋念佛，邻居送了一只虎斑猫陪她，取名"虎儿"。十多年的时间里，这只猫陪伴主人，有人想作奸犯科，或者进门偷盗，乃至于不小心失火，虎儿都会提前以种种方式示警，一直努力保护女主人。猫死之前托梦给女主人，自己其实就是丈夫，变成猫来保护她。十年来听她诵经积累了功德，来世会转世为人，成为她的亲人，继续陪伴在她身边。

著名的猫眼石，宋元人也认为是猫报恩的产物。元代伊世珍《琅嬛记》中引《志奇》记载的一个故事，说"南蕃白胡山出猫睛极多且佳，他处不及也。古传此山有胡人，遍身俱白，素无生业，惟畜一猫，猫死埋于山中，久之，猫忽见梦焉，曰：'我已活矣。不信者可掘观之。'及掘，猫身已化，惟得二睛坚滑如珠，中间一道白，横搭转侧分明，验十二时无误，与生不异"。南蕃白胡山在今天的斯里兰卡，当地盛产猫眼石，传说便是一位胡人所养的猫去世后所化。

宋人李昉所著的《太平广记》著录的《广异记》中，还有一则猫儿历经三世来寻主的故事。讲的是曲沃县尉孙缅有一个家奴，到了六岁还不会说话。有一日孙缅的母亲坐在台阶上，家奴忽然直勾勾瞪着她。孙母怪问之，家奴忽然笑着说道，自己本是孙母幼年时所养的一只狸猫。逃走以后，就潜伏在房顶上的瓦片沟里，也听到了幼年孙母的哭声。后来，自己在东园的古坟边生活了两年，被猎人打死，投胎做了人。第一世投作乞人之子，常苦饥寒，到二十岁就死了。第二世投作了富人的家奴，又来到夫人身边，如今已是三世，而夫人仍旧健在，是个有福之人。

宋人笔记中，也有不少对猫儿施暴而遭到反噬的孽报故事。《夷坚志》中有一则《庆喜猫报》，讲的是吕德卿（或言其亲戚）家有一个在厨房帮工的女仆名叫庆喜。有一天庆喜把干兔肉放在厨房里，为猫窃食，因此遭主母责骂，心里不胜愤愤，便对猫进行报复。她捉住猫狠狠地扔在柴堆上，猫被柴堆上的木叉刺中了腹部，内脏肠胃都流了出来，痛苦地呼号了一昼夜而死。庆喜以为这事就这么过了，却没想到一年后，自己在晾晒衣物的时候，"失脚仆地，为铦竹片所伤，小腹穿破，洒血被体，次日即亡"，和去年猫死时候的景象一模一样，"盖冤报也"。

类似的故事还见于北宋刘斧的笔记集《青琐高议》中。书中记载了在北宋治平年间，有一个叫作朱沛的富户"好养鹁

南宋　梁楷（传）《狸奴闲趣图卷》

鸽"，却常常被猫捕食。朱沛第一次"乃断猫之四足，猫转堂室之间，数日乃死"。就这样，朱沛前前后后杀了数十只猫。后来，朱沛的妻子接连生下两个孩子，都天生没有手足。

这类孽报记载在明清两代尤其多见，在明代章"金华猫妖"一节还会详细提到。

除了隔世果报，猫儿也会偶尔在现世灵变，为精为怪亦为仙。《夷坚志》中既有化男形与女子幽会的猫魅，也有化女形与秀才"堕溺色爱"的猫精。

前者如"周氏买花"一则里那位住在临安丰乐桥侧的周姓女子，因为买了猫精幻化出来的奇花，就为猫精所迷，"终日不寐，夜坐则达旦废寝。每到晚，必洗妆再饰，更衣一新"，与猫精寻欢以至天明。据女子描述，这个猫精"状貌奇伟，着裘乘马而来，两绛蜡导前，笙箫随后"。后者如从河北来到钱塘

的秀才顾端仁，一日恍惚中看到了一名"颜貌光丽"的少女。女子每晚都会来，秀才"殆如痴人"。后来，秀才的父亲发觉事有蹊跷，便找来道士做法画符，此举引来猫精怨愤，将秀才引诱到水边，秀才径直跳了下去，幸好被水草缠住才捡回一条命。事后，秀才描述当时情形道："但见美人相引，造一宫宇，赫奕如王居，正拟从游而为诸君唤回。"这类故事都有统一的叙述模式，人类为精怪所迷惑，维持着长久的男女关系，终至于病入膏肓。与猫报故事一样，猫儿灵变的笔记大多也是写给普通民众看的教育警示文章。

坐道升仙、立地成佛的猫往往成为后世文人笔下备受关注的典故。宋人陈师道所著的《后山丛谈》里记载过"庐山有坐化猫"，后来清人吴锡麒在他的《雪狮儿》词里，就使用了这一典故，他说"圆满三生，旧事庐州谁访"。这一句里使用到的两则典故均出自宋代。"圆满三生"指《广异记》中"孙缅家奴"的故事，"旧事庐州谁访"指的则是《后山丛谈》里的"坐化猫"。元好问《续夷坚志》中记载过"仙猫"传说："天坛中岩有仙猫洞，世传燕真人丹成，鸡犬亦升仙，而猫独不去，在洞以数百年。游人至洞前呼'仙哥'，间有应者。"他还曾作诗一首，以记其事："仙猫声向洞中闻，凭仗儿童一问君。同向燕家舐丹灶，不随鸡犬上青云。"后来，清代黄琛"频唤仙哥殊不应"，吴焯《雪狮儿》"问玉洞、仙哥有几"，以及吴锡麒《雪狮儿》"凭风雨、化龙归去，肯随鸡犬"都化用过这个典故。

宋代猫咪玩什么？

宋代的市集上，已经可以买到专门的猫食、猫窝了。在解决了宠物的温饱问题之后，热爱生活的宋代人紧接着就开始想方设法来讨自家猫儿的欢心。今天养猫家庭必备的猫玩具——逗猫棒和猫薄荷，在宋代就已经流行开来。

北宋画家苏汉臣的《冬日婴戏图》，描绘了两个总角之年的孩子与一只长毛狮子猫逗趣玩耍的情景。图中白衣小儿手中所持的那根带孔雀羽毛的彩色小旌旗，用今人的眼光来看，绝对可以算是一根豪华版的逗猫棒。

类似的玩具，在宋代龙衮创作的纪传体史书《江南野史》中也有提及。书中记载了"夜宴爱好者"韩熙载曾让一名官妓用"红丝标杖"的逗猫棒，故意做出引弄花猫的娇媚姿态，假意捉弄北宋来使的故事。

事情发生在五代十国末年的南唐。彼时正值北宋立国、一统中原之际。南唐虽然已经承认了自己北宋宗国的臣属身份，但宋太祖仍将其看作是一统中原路上的重要屏障。据《江南野史》，曹翰作为北宋的使臣出使南唐后，后主李煜便让韩熙载"使官妓徐翠筠为民间装饰，红丝标杖，引弄花猫以诱之"。他们这么做的目的是想让北宋来使沉迷女色，以此作为使者的污点，使其在谈判时羞于启齿，从而落于下风。

北宋　苏汉臣《冬日婴戏图》

一窗围样进旅中舣词卿以
城泥隔当时我作陶歌首
何必尊前面馨红唐寅

明　唐寅《陶榖赠词图》

　　这个计策果然奏效了。来使曹翰如南唐所愿，将官妓徐翠筠留下侍宴，并在她的引导下，写下了《春光好》一词赠之。直到曹翰要北上，在临别宴席上，歌姬唱出了这首词，曹翰才发现自己中了南唐的圈套，"翰知见欺，乃痛饮，月余而返"。这个故事的真实性并不高，也有史料认为这个故事的主人公不是曹翰，而是写过《清异录》的陶榖。至于官妓则名为秦若兰。这首《春光好》，在《玉壶清话》中有记载："好因缘，恶因缘，奈何天，只得邮亭一夜眠，别神仙。琵琶拨尽相思调，知音少。待得鸾胶续断弦，是何年？"明代著名的画家唐寅还为这个故事绘制了一幅《陶榖赠词图》，原作现存台北故宫博物院，上有唐伯虎题词云："一宿因缘逆旅中，短词聊以托泥鸿。当时我做陶承旨，何必尊前面发红。"

唐　周昉《簪花仕女图》

不过，这条"红丝标杖"的逗猫棒并非宋人首创，早在唐人周昉的《簪花仕女图》中，它就已经出现过了。仕女图最右侧女子手中所执之物就是"红丝标杖"，只不过在这幅画中被逗弄的对象并不是猫，而是一条宠物狗。

再后来，"红丝标杖"也成了文人笔下诗词唱和的素材，清人吴锡麒《雪狮儿》中就有"休弄红丝标杖。便粉鼻呼来，已空情障"的典故植入。

至于让猫产生兴奋感的猫薄荷，宋人也早就用上了。北宋初陶穀在《清异录》中记载，佛教居士李巍在雪窦山隐居，自己种菜，有人问他每天吃什么，他说"以炼鹤一味，醉猫三饼"。所谓"炼鹤"，是用唐代李翱《赠药山高僧惟俨》诗中"练得身形似鹤形"的典故，将修炼身体视为最重要的"食

物"。而所谓的"醉猫饼",是"以莳萝、薄荷捣饭为饼也"。"莳萝"俗称土茴香,是一种浓香的调味品。把加入莳萝、薄荷做成的饼叫醉猫饼,可见当时人完全了解薄荷能够"醉猫"。五代末宋初的画猫名家何尊师,就曾绘有《薄荷醉猫图》,宋代画家朱绍宗也有《薄荷醉猫图》。欧阳修在《归田录》中说:"至于薄荷醉猫、死猫引竹之类,皆世俗常知。"陆游的祖父陆佃在其所著的《埤雅》中曾援引过民间俗语"薄荷醉猫,死猫引竹""鸠食桑葚则醉,猫食薄荷则醉,虎食狗则醉"等。在宋代,薄荷之于猫有奇特的功效,已是妇孺皆知的常识。

在宋人的诗歌中,猫和薄荷也常常连着出现。如陆游有两首《题画薄荷扇》诗,其一便写道:"薄荷花开蝶翅翻,风枝露叶弄秋妍。自怜不及狸奴黠,烂醉篱边不用钱。"他在《赠猫》中也说自己常看猫儿"时时醉薄荷,夜夜占氍毹",意思是,猫儿一直醉卧在薄荷的香气之中,并每晚都躺倒并霸占自己的地毯。诗中情形与今人逗猫的姿态,别无二致。而其《得猫于近村以雪儿名之戏为作诗》中也有一句非常接近的句子:"薄荷时时醉,氍毹夜夜温。"叶绍翁在他的《猫图》中也说:"醉薄荷,扑蝉蛾。主人家,奈鼠何。"意思是,这只猫或醉倒薄荷丛,或去扑蝉弄飞蛾,都不管主人家的鼠患。陈郁的《得狸奴》也说"牡丹影里嬉成画,薄荷香中醉欲颠"。刘克庄的《失猫》则说"篱间薄荷堪谋醉,何必区区慕细鳞"。

不过需要指出的是,真正能让猫儿神魂颠倒的这类"薄荷"

和在人类生活中频繁出现的薄荷，虽然同为唇形科植物，在外表上也很相似，但仍是不同属的植物种类。我们日常茶饮入菜所使用的薄荷，是薄荷属的芳香作物，叶片质地偏薄，闻起来有清凉的香味；而猫薄荷是唇形科荆芥属植物，叶片较薄荷要厚一些，表面覆盖有一层细绒毛。

荆芥（学名）之所以可以让猫神魂颠倒，使猫产生如同醉酒一般的行为表现，主要是因为这种植物中富含的荆芥内酯会对猫的大脑产生刺激作用，引起内啡肽浓度的明显升高。同样含有荆芥内酯的植物如木天蓼、金银花等，对猫也可以产生类似的效果。宋人所记载的"薄荷"，应该是与薄荷长相极为相似的荆芥。

除了逗猫棒，小圆球也是猫咪的挚爱。宋代人就已经学会了用小球逗猫。河南登封箭沟壁画墓在墓室西北壁备侍图中一角，绘有猫儿戏要玩具的场景。通体黑色的小猫，脖子上系着白色丝带，站在高桌上，它回首仰望，前方则是一枚香球。

元

养猫习俗定型期

中国人普遍养猫始于宋代，一些与猫相关的习俗也随之出现，到了元代，很多风俗开始定型，在民间影响深远。这其中最有影响的是六月六日成为"浴猫节"。在南方，人们习惯在这天带着猫狗来到附近河流，为家中宠物洗浴，并相信这会使猫狗更加健康。明代以后，这一习俗扩展到北方，成为全国性风俗。

　　养猫虽然实用且愉快，但养一只猫毕竟有不算低的成本，元代还发明出猫的替代品木猫。木猫有两种，代表着古人的两条思维路径。一种木猫就是老鼠夹子一类的机关，外形本身和猫并没有任何关联，只是取其可以捕鼠的功用而称之为"木猫"。另一种木猫则是一种猫形的木偶，涂抹颜色后进行祭祀，认为这种猫神偶尔可以起到避鼠的作用。

　　著名的"狸猫换太子"，虽然以宋仁宗时代为背景，但实际上是元代人开始"生产"出的故事，并在后代不断完善，最终在清代形成我们熟悉的版本。

六月六，浴猫日

宋人爱猫，猫成为市井百姓日常生活中重要的部分，一些关于猫的民俗逐渐形成。这些养猫的民间习俗，大部分在元代定型，并深刻影响后世。六月六日的"浴猫节"便是典型的例子。

古人在很长一段时间内洗澡频率很低。在先秦时期，一年中一些固定的时节会举行含有洗澡沐浴内容的仪式，后来形成了三月三日修禊的传统。在当时，贵族们才正儿八经洗澡，周王的使臣中有个职务叫"宫人"，职责之一就是帮周王洗澡。我们现在看到的那些青铜器里，有一部分就是用来洗澡的。很多学校作为校训的名言"苟日新，日日新，又日新"，原本就是刻在商汤洗澡盆上的铭文。到了汉代，官员们洗澡稍微频繁了一些，也不过是五天一次。古人把放假叫"休沐"，其实就是放假给官员洗澡。虽然有着"贵妃出浴"之类的经典故事，但唐代官员贵族们洗澡也算不上频繁，普通人洗澡就更加困难了。著名诗人白居易，我们印象中总觉得这位香山居士是神仙一流的人物，但他自己的诗里说自己"经年不沐浴，尘垢满肌肤"，现代人可能很难接受。到了宋代，洗澡就成了日常生活中很寻常的事情了。人们可以在家洗澡，很多人家中都设置有专门洗澡的空间。市井中公共浴室也开始兴起，洗澡逐渐成为一种普通百姓热爱的享受。人们洗澡日常化的时期，也是养猫日常化的时期，给猫洗澡自然也会出现。但在宋代，六月六日浴猫狗的习俗尚未普遍兴起，在南宋晚期《梦粱录》《乾淳岁时记》《武林旧事》等关于南方风俗的书籍中均未提及。

最早关于浴猫节日的记载，是在元代汪汝懋编撰的《山居四要》卷四，在"六月六日"条下记载"本日浴猫狗"，早期浴猫是在南方，但在明代中晚期，已经流传到了北方。明代《万历野获编》（卷二十四）中说："六月六日本非令节，但内府皇史宬晒曝列圣实录、列圣御制文集诸大函，则每岁故事也。至于时俗，妇女多于是日沐发，谓沐之则不腻不垢。至于猫犬之属，亦俾浴于河。京师象只皆用其日洗于郭外之水滨，一年惟此一度。"在当时的北京，女性在这一天洗头发，把猫猫狗狗都带到河边洗澡，皇家所养的大象也在这天送到城外水边洗浴。给猫狗洗澡的方式非常简单粗暴，和今天宠物店里给猫犬洗澡完全不同，就是直接把猫狗扔到河里。明代蒋一葵的《尧山堂外纪》中便如实记录："六月六日，吴俗悉投猫犬于水中。"

元代开始，"六月六，浴猫狗"便成了民间流传的谚语，一些地区认为这天给猫洗澡，能防虱子，能治癞病。如清代孔尚任《节序同风录》中说"浴猫狗于池，治癞"。但为什么是在六月六日这天给猫狗洗澡呢？实际上明代人已经搞不清楚原因了，田汝成《西湖游览志》中记载，六月六日这天，"郡人舁猫狗浴之河中，致有汩没淤泥跟跄就毙者，其取义竟不可晓也"。

杭州人在这天抬着猫狗到河边洗澡，有陷进河边淤泥里爬不出来的。对于这个习俗大家都习以为常，却都不知道其缘由何在，这正可谓是"百姓日用而不知"了。清代人自然更是不清楚原因，清代顾禄记录苏州一带民俗的《清嘉录》中收入郭麐的《浴猫犬词》："六月六，家家猫犬水中浴。不知此语从何来，展转流传竟成俗。流传不实为丹青，孰知物始睹厥形。孰居庄严成坏住，劫前八万四千横竖飞走——知其名。而况白老乌龙不同族，何以降日为同生。一笑姑置之，听我为媒词。司马高才号犬子，拓跋英雄称佛狸，乌员锦带纷绮丽，韩卢宋鹊尤魁奇。世上纷纷每生者，李义府与景升儿。金钱犀果洗若属，但有痴骨无妍皮。猫乎犬乎好自爱，洞里云中久相待。伐毛洗髓三千年，会见爬沙登上界。"他也表示不知道这个习俗从何而来。

尽管如此，人们六月六浴猫的热情还是非常高涨的。清代黄钊的《读白华草堂诗》中就收录了两首关于浴猫的诗，其一是《消夏杂诗其六》："节到观莲斗玉肌，家家猫狗浴从窥。梦回却忆春明事，正是金河洗象时。"其二是《暑窗即事》："闲来云母窗间坐，醉向杨妃榻畔眠。一月雨晴存日记，呼龙时候浴猫天。"

明代有个关于浴猫日的知名段子。杨循吉是南直隶苏州府吴县（今属江苏苏州）人，字君卿，一作君谦，号南峰、雁村居士，好读书，每得意则手舞足蹈，不能自禁，人称"颠主事"。又极喜藏书，闻某人家有异本，必购求缮写。性狷隘，好持人短长，以学问穷人。有一年的四月初八，有客人来拜访杨循吉，这天正好是佛教的浴佛节，因此杨循吉以洗浴为由推辞。客人不知道浴佛的事情，误以为是杨循吉过于傲慢，心中很是不满。到了六月六日，杨循吉去回拜这位客人，客人便也用洗浴为理由推辞，借此报复他。杨循吉便在他家墙上题写了一首很有趣的诗："君昔访我我洗浴，我今访君君洗浴。君访我时四月八，我访君时六月六。"

其实古人关于养猫的习俗还有不少，除了六月六洗猫，元代以来杭州一带还以五月二十日为分龙节，选在这天分猫。各地分龙节的时间不尽相同，比如池州一带，就以五月二十九日、三十日两天为分龙节。

除了这两个节日，宋代以来，人们在喝人口粥时，也要给猫准备一份。人口粥在南宋流行，也叫口数粥，是一种赤豆粥。之所以取名人口粥，意思就是按照家中人口所煮的粥，在算人数时，哪怕刚刚出生的小孩子，都要为他熬一碗粥，甚至家中的猫猫狗狗，也都算人口。当时人们都会在腊月二十四、二十五日喝这种粥，但当时就已经搞不清楚喝粥的缘由。《梦粱录》里说二十五日吃，不知道是什么典故，是为了祭祀食神。《武林旧事》则说是二十四日吃。宋代将这天称为交年节，是祭祀灶神的日子。灶神承担着上天言好事的职责，所以人们往往用蜜糖涂抹在灶神画像的嘴上，希望他上天之后能够多说好话，《武林旧事》中就认为人口粥是由此发展而来的。但南宋诗人范成大则描述二十五日吃人口粥，远行没有回家的人口都要准备一份，在晚上全家一起食用，主要是为了避瘟疫。南宋谢维新《古今合璧事类备要》中说苏州一带二十五日吃人口粥，是为了避瘟气。南宋范成大的诗中提到苏州"家家腊月二十五，淅米如珠和豆煮"，不管怎么样，对于普通百姓来说，腊月二十五日喝人口粥都是为了平安健康。张侃《田家岁晚》诗云："粥分口数顾长健，不卖痴呆依自当。"很多民俗的起源都有种种传说，但最终都归于人们对美好生活的向往。

古代清明节小孩子往往头戴柳圈，据说始于唐中宗，是为了避瘟疫。元代以后很多人家给家中猫儿也会准备一个。明代冯应《月令广义》中说："今俗清明以柳圈小儿戴之，至于猫狗，亦以柳圈，盖辟疬遗意。"清代朱联芝《瓯中纪俗诗注》中说："清明日，瓯人小儿及猫犬皆戴以杨柳圈，此亦风俗之偏。"

除了节日之外，元代以来，还有不少和养猫相关的民俗。

古人养蚕，往往也要养猫守护，《蚕书》中说"乡人养蚕，多畜猫以卫之"，当时称之"蚕猫"。

购买小猫有许多讲究，在前文《大宋猫市》中已经有所解释，后代又出现了《纳猫经》《相猫经》之类的经验总结。民间还有一些相关习俗，比如《医统》中记录有买到小猫后不走失的秘诀：小猫到家后，先喂给一两片猪肝，然后把猫带出家门，用细竹枝轻轻鞭打，驱赶回家后，再喂给两片猪肝。"如此数次，永不走。"这种神秘主义的做法和《纳猫经》中的记载异曲同工，《纳猫经》认为买猫的时候把猫装在桶里，并要从卖家那里讨要一根筷子，放到装猫的桶里。回家后带着猫拜家堂、灶台和狗，然后把那根筷子取出来插在土堆上，这样猫就永远不在家中乱拉，也不会走失。

猫到家后，也有"朝喂猫，夜喂狗"的俗语，喂狗要在晚上，喂猫则在白天，古人认为这是"取其力以时也"。明清一些地区在家中为猫留有猫洞，是在"人家房屋窗牖间，开一小穴，只容猫儿出入"，有时在灶台上也设置专门的猫洞，是为了"猫儿畏冷，即入卧焉"。

江淮一带，家里丢了猫，就会祭祀灶神，在祈祷之外，还要用绳子把灶头捆起来。据说这样非常灵应，三两天之内猫就会回来。

野猫或者别人家的猫来到自己家，在不同的地区有着截然不同的态度。《玄怪录》记载唐代官员李或家的橘猫在隔壁邻居崔绍家生了两只小猫，当地风俗认为别人家的猫到自己家产子极为不吉，崔绍竟将三只猫全都投石沉筐，溺毙江中。有的地方还有"猪来穷家，狗来富家，猫来孝家"的谚语，认为猫来代表着家中要有人口死去，所以会把来的猫尽力捕杀。《雪涛谈丛》中记载："谚云'猫来孝家'。博士张宗圣解之曰：'家多鼠虫，为耗，故猫来，孝乃耗之讹，非猫能兆孝也。'"但也有的地方反过来认为"猫来富"，把猫的不请而来视为吉兆。《广谐史》中便记载："猫犬无故入家中，如己养者，主大富贵。"

古人还用猫来进行日常占卜。比如《田家杂占》认为猫一窝生子都是公猫，则"主其家有喜事"，《医统》中说猫洗脸时扒拉到耳朵，则意味着"有远亲至之喜"，也有俗语说"猫洗面至耳则客至"。猫吃青草，则被认为是要下雨。

明清时期民间流行的占梦书《梦林元解》中有不少关于猫的记录：

> 凡梦虎斑猫，为阳袭阴之象，入室者吉，自内外窜不祥。去而复来者，得人心。凡梦狮猫，为丰亨久安之象，主门下人有勇而好义者，或果得佳猫以应。凡梦猫鼠同眠，下必有犯上者。若当此时生小猫，则为劣物。凡梦群猫相斗，主暮夜有戎之兆，于己无患。若梦家猫被他家猫咬伤，下人有灾。凡梦猫捕鼠，主得财。须防子媳灾，姓褚者最忌。主有事南蛮，不返之兆。凡梦猫吞蝴蝶，恐有阴私鬼害正人。凡梦猫吞活鱼，主成家立业，手下得人；若至山东，更主获利。

这种梦猫的记载始于唐代，唐代张鷟《朝野佥载》中有一个故事，"薛季昶为荆州长史，梦猫儿伏卧于堂限上，头向外。以问占者张猷，猷曰：'猫儿者，爪牙；伏门限者，阃外之事。君必知军马之要。'未旬日，除桂州都督、岭南招讨使"。

古代动物医学不发达，人们对于猫生病的缘由不够了解，根据生活经验总结出一些规律，例如《癸辛杂识》中说猫喝杏仁汁立死；《医统》说猫吃猪肉会生癞；《留青日札》则说猫吃薄荷会醉，吃黄鱼会生癞；《群芳谱》中说猫吃薄荷会晕，吃甘草会死，并说如果狗舔了猫食盆，猫再吃就会吐。这些规律大都并不准确。关于猫的各类疾病的治疗方法，民间也流传种种偏方。例如明初《神隐志》中记载，猫犬百病，都可以"用乌药磨水灌之"，如果猫不慎被人踩踏，可以"用苏木屑煎汤灌之"；如果猫煨火疲瘁，可以"用硫磺少许，纳猪肠中炮熟喂之，或鱼肠中饲之亦可"。明末方以智《物理小识》中说："猫病，灌乌药水，为人踏，灌苏木汤。"《物谱》中说，如果猫生跳蚤，可以用"冰脑洗之，立除"。《本草》中认为用百部（一种草本植物）煎汤给猫洗澡，可以去蚤。猫生癞则可以服用"蜈蚣焙干研末"，或者用桃树叶捣烂涂抹患处，或者用柏子油擦拭患处。《群物异制》认为小猫叫唤不停，用陈皮末儿涂在鼻子上就会停止，而猫瘦不吃饭，则可以用陈皮末儿加在米汤中喂服。如果猫误服毒物，呕吐不止，则要用菜籽油调雄黄末儿灌之。

猫也可以帮助人们治病。《物理小识》记载，小孩出生之后不啼哭，用木瓢打猫让猫叫出声，小孩听到就会马上啼哭。古人还相信，婴儿初生不醒，让一位性格机灵的女性绑住一只猫，把猫耳朵凑到小孩嘴里咬一下，猫一出声，婴儿马上就会醒来。如果人被猫咬伤，古人也有不少偏方。比如《证治准绳》中说：

"花蕊石散, 治猫犬咬伤。"《寿域神方》中则认为对付猫咬成疮, 用"雄鼠屎烧灰, 油和傅之"。《百一选方》提供的方案是"薄荷汁涂之",《本草》中则建议用龟板、鼠屎、薄荷、檐溜泥混合后涂抹咬伤之处。

明清各类书籍中这类偏方记载还有不少, 在今天看来自然有不少难以理解的内容, 但大部分古人对此深信不疑。

元 王渊《花卉》

木猫也可以避鼠？

史料记载唐代的韩志和曾用木头雕刻"机器猫"，极为精巧，可以自动捕鼠，这想来还是一个志异故事，未必真有如此神奇的工艺，但元代陈栎发明了一种实用的"木猫"，确实可以捕捉老鼠。

陈栎的《定宇集》中，收有他撰写的一篇《木猫赋》，这种木猫并不是一个木雕的猫形工艺品，而是一种木制的"老鼠夹"，因为能捕鼠而得名木猫。"惟木猫之为器兮，非有取于象形。设机械以得鼠兮，配猫功而借名。"赋中一一细数老鼠的恶行："鼠罪不可胜数兮，大罪在害夫吾书。圣贤所以心天地命生民兮，多噬嚼而无余。外啮衣与毁器兮，并穴仓而盗肉。难偻指以尽其恶兮，惟良猫渐可歼其族。"老鼠啃咬圣贤书，又咬坏了衣服器物，偷食粮食肉类，非要好猫来追捕，但良猫难得，"奈良猫每难畜兮，食不可以无鱼，或钝庸而不捕兮"，因此便发明出这种捕鼠的机关："遂谋设夫阱机，外匣板以四周兮，柱双峙而梁横。悬重木其若砧兮，下箄盛夫膻腥。妙在分厘，梗之活系兮，微有触而轰击，鼠冥行而冒入兮，危机动而微命毕，闻响而再设兮，或一夕获禽之三四。策奇勋其若兹兮，名木猫其奚惭？"这种"老鼠夹"像是一个没有盖的木头盒子，上面有根横梁，悬挂有很重的大木块，用绳子将木块和盒子里的食物连接，老鼠吃掉食物，大木块就忽然落下把老鼠压在盒子里。

这种捕鼠机关江浙一带称之为鼠弶，一直到清代以后，还有人将木制的鼠弶叫木猫，清人翟灏的《通俗编·兽畜》中便记载："今仍呼木作鼠弶为木猫。"

在南宋末期《武林旧事》中，记载南宋时期杭州他处所无的"小经纪"中，有一种"竹猫儿"，可能就是类似木猫的捕鼠器。

五代时期，有的绘画高手绘制的猫图往往能惊吓到现实中的老鼠，足见惟妙惟肖。史料记载何尊师画猫，老鼠便纷纷远避。宋代人认为，不一定要绘画技巧入神，只要选择在特定的日期画猫，都可以避鼠。北宋苏轼有幅《墨猫图》，此图今已不知所踪，曾为清代乾隆朝著名的诗人、画家钱载收藏，钱载写有《苏文忠公墨猫歌》描述此图："黑睛如线日正午，瞥见青蛙口欲取。前脚扑地尾倒竖，班班者纹食螭虎。曰磔穴虫畴怨咨，骅骝骐骥实逊之。画方占日逢危危，此吉彼凶非假威。是时黄州岁安置，筑室东坡号居士。其春获鉴周尺二，其月画渠渠未醉。道人子正新酿香，洞箫吹彻偕相羊。亦画短喙耳则长，不吠不捕吠捕良。傥欲得力征平生，嬉笑怒骂皆文章。我今玉义挂书堂，银灯静照毋跳梁。"诗中提到的"日逢危危"，据其诗注，《墨猫图》上有苏轼"相传危危日画猫，可以辟鼠"的款识。古人认为在五行为金、主神与值日星宿均为"危"的日子画猫，效果最佳，老鼠见到这天画的猫图，就会躲得远远的。明末苏州人活埋庵道人徐树丕《识小录》中记载："危危日画猫能辟鼠，余试之竟未必然。偶阅一书，知是危危日寅时乃灵耳。"看来光在金危危日画猫还不够，关键是选在这天的寅时（凌晨三点钟到五点钟），这得起个大早才行。这个法子在实际操作中还会遇到一个麻烦，那就是金危危日要好几年才能遇到一回。清代杜文澜《采香词》中有一首《寿楼春·丙子闰重五即事》："欣重逢端阳。正空庭过雨，梅子才黄。记得秦淮祷度，画船轻飏。桃叶渡，榴花觞，十二年，悬蒲犹香。自白雪裁罗，红丝系缕，青鬟又添霜。　今浮宅，仍欢场。遇佳辰再闰，吉午占良。更喜金危危日，共迎嘉祥。描锦带，缝缣囊，拄瘦筇，闲游沧浪。听湖上龙舟，冲波鼓钲声未央。"其词注云："《通书》中金危危日数年始一见，吴人争祀之。"

清代玉猫

大概是这些猫图给了人们启发，一种用木猫避鼠的风俗开始出现。明代周履靖所编《夷门广牍》中便说"刻木为猫，用黄鼠狼尿，调五色画之，鼠见则避"。这种木猫和元代陈栎发明的"老鼠夹"不一样，是一只猫形的木偶，用黄鼠狼的尿调和颜料上色，便成为一只同龄的猫木偶，有避鼠之功效。

家中摆放木猫，大约还有装饰的作用。古代有不少猫形杂物，"至于杂物，则猫儿灯、猫儿窗、猫儿裤之外，为小儿戏耍者，乃有泥塑猫、木雕猫、纸糊猫。而姑苏印画店，有《猫拖绣鞋图》；而磁器店，又有猫形溺瓶也"。在故宫博物院所藏的文物中，还有不少猫形的玉镇纸和把件。

幻中生幻：狸猫换太子的来龙去脉

对宫廷秘辛的八卦探究之心古已有之，如果谈及古代有哪些最有影响的宫斗悬疑故事，"狸猫换太子"必定榜上有名。这个时代背景在宋仁宗时期的传奇故事自然并非历史真实，被逐步演绎为今天大家熟悉的版本，实际上起源于元代人的艺术创作。

"狸猫换太子"的原型人物在历史上大都确有其人。在《宋史》的记载中，章献太后（即故事中狸猫案的幕后主使）确实把李宸妃（故事中的受害者）所生的仁宗，认养为自己的孩子。仁宗当时尚在襁褓，对自己的生母自然并无记忆。直到仁宗即位、章献太后摄政，仁宗皇帝的这段出身历史，仍旧因为"人畏太后"的缘故而"亦无敢言者"。明道元年（1032），李宸妃逝世。章献太后原本准备为她简单治丧，宰相吕夷简却劝谏她，仁宗的身世恐怕在太后身故后就会曝光，这也许会给太后刘氏一族带来变故。为刘氏计，他力荐章献太后以一品之礼为李宸妃大办身后事。在吕夷简的建议下，李宸妃最终被安葬在洪福寺中，且以皇后之服入殓，并用水银封棺。古人认为，水银具有防腐的作用，可使尸体不朽。次年，章献太后过世。仁宗从燕王的口中得知了"陛下乃李宸妃所生"的身世实情。在元代《宋史》编修官的笔下，这位"告密者"燕王还不忘添上一句"妃死以非命"，为整个事件又蒙上了一层悬疑色彩。听完这话，仁宗顿时"号恸顿毁，不视朝累日"，还下"哀痛之诏自责"，并"尊宸妃为皇太后"，谥号庄懿。为了揭开心中的疑虑，仁宗亲自来到洪福寺祭告生母，"易梓宫，亲哭视之"，开棺后只见"妃玉色如生，冠服如皇太后"。这才让燕王的论断不攻自破。仁宗于是感叹："人言其可信哉?"

在真实历史事件的基础上最早引入"狸猫"故事并成其文学创作的，是元杂剧《金水桥陈琳抱妆盒》。该剧讲述了宋真宗时期的内侍陈琳与宫女寇承御合力救下被狸猫所调换的太子的故事。

杂剧以百花盛开的春季为起点，寓意正是成胎结子之时，宋真宗依照太史官之言，向御园东南方打了一颗金弹丸，并着令后宫嫔妃各自寻觅。金丸恰好落到了西宫李美人身旁，李美人拾得金丸交还真宗，并得以侍寝怀胎。

这里真宗让妃嫔寻找被自己打出去的金弹丸，实际是《宋史》中真宗面对李妃玉钗坠后"心卜"的再发挥。在《宋史》中，李妃侍寝后"有娠"，"从帝临砌台"。这时戴在李妃头上的玉钗忽然坠地。真宗心卜道："如果玉钗完好，那就让李妃怀的是个男孩。"左右拾起玉钗，玉钗果然完好如初。

元杂剧里，李美人十月怀胎后产下一子，却遭到刘后（对应《宋史》中的章献太后）嫉妒。刘后暗地里遣人用一头剥了皮的狸猫将新生儿掉包，并密令身边的宫女寇承御将李美人之子抱出西宫，杀而弃之于金水桥河下。寇氏不忍心为虎作伥，走到金水桥时，遇到了正要往八大王处送果品的内侍陈琳，二人合计一番，决定将新生儿藏在放置果品的妆盒里，由陈琳悄悄送往八大王处抚养。

几年后，刘后所生的太子夭折，后宫子嗣凋零，真宗不得已过继了八大王之子，并将其立为太子。这个来自八大王府的新太子，自然就是当年被狸猫掉包的李妃之子，也就是后来的宋仁宗。这本杂剧的最后，仁宗登基，宣唤老臣陈琳叩问当年之事，终使真相大白，各行封赏。

因杂剧戏剧性冲突的需要，故事对比《宋史》添加了宫女寇氏与内侍陈琳两个角色。而《宋史》中那位"告密"的燕王名叫赵元俨，是宋太祖第八子，也就是这本杂剧中的重要人物八大王。

到了明代，《包公案》也把这桩案件纳入其中，并增加了郭槐、张园子等角色。《包公案》又名《龙图公案》，或《包龙图判百家公案》。据明万历年间朱氏与耕堂本《包龙图判百家公案》第七十四到七十五回讲述，李妃并未死于宫中，而是流落桑林镇，拦了包拯的车驾，才得以申诉冤情。不过在这个版本的《包公案》里，并没有狸猫的戏份，李妃自述身世案情如下：

> 我家住亳州，亳水县人，父亲姓李名宗华，曾为节度使。上无男子，单生于我，为因难养，年十三岁就太清宫修行，尊为金冠道姑。一日真宗皇帝到宫行香，见阿奴美丽，纳为偏妃，太平二年三月初三日生下小储君，是时南宫刘妃

子亦生一女儿，因与六宫大使郭槐作弊，将其女儿来换我小储君而去。老身气闷在地，不觉误死女儿，被困于冷宫。

后来，直到储君继位为仁宗，李妃才因为特赦冷宫罪人的缘故，得以出宫。在验证了李妃身份真实性后，包拯即刻启程进宫，依照李妃所说"左手有山河二字，右手有社稷二字"的胎记特征，巧妙验证了仁宗确为李妃所生，于是冒死进谏，经过几番戏剧性的断案经过，"仁宗允奏，改依包公决断，后宫绞死刘皇后，殿前烹杀郭奸臣"。

到了清代，小说家石玉昆的《忠烈侠义传》（或称《三侠五义》），又根据《包公案》对仁宗生母案的故事进行了发展。石玉昆在书序里说："是书本名《龙图公案》，又曰《包公案》，说部中演了三十余回，从此书内又续成六十多本。虽是传奇志异，难免怪力乱神。"收录在这本书里的仁宗生母案，重新回到了"狸猫换太子"的轨道，并有了秦凤、余忠等正面角色，以及尤氏等刘后手下的恶人角色，将整个故事演绎得更具传奇色彩。

在《三侠五义》第一回"设阴谋临生换太子，奋侠义替死救皇娘"中，刘后使郭槐和尤氏，用"血淋淋光油油认不出是何妖物"的剥皮狸猫换走了李妃的太子，欲置太子于死地，幸得宦官陈琳、宫人寇珠相助，将太子送到八王爷府上抚养。这一段内容除却人物姓名发生了变化，故事情节和元杂剧一脉相承。同时，真宗因李妃"产"下怪胎，勃然大怒，将李妃贬入冷宫，幸得冷宫总管秦凤忠心照看，并派了一个长相酷似李妃的小太监余忠服侍左右。

后六年，刘后所生的太子薨逝，帝王之位后继无人。真宗伤心欲绝、罢朝多日，八王爷入宫奏对，言及家中一位世子与太子年岁相仿。待将世子宣进宫来，真宗见其形容态度与自己分毫不差，心中大喜，授位东宫守缺太子。这里的剧情描述与元杂剧如出一辙，但更为详实。

入宫这日，世子与陈琳途经冷宫，听到了先前李妃诞下妖物一事，心下生疑，便入宫探视。此时，母子之间那种血脉相连、天性攸关的感受，让世子甫一见到李妃便不能自已，泪流满面。从冷宫出来后，他紧接着去拜会了刘后，刘后见其眼底有泪痕，也顿生疑窦，追问啼哭的缘由。世子生性仁厚，把刚才经过冷宫见过了李妃的情况，向刘后一一道来。

此时的刘后已经将事情猜了个七七八八，回想当年之事，自己和陈琳曾在狸猫换太子那日撞个正着，陈琳神色慌张，他怀抱的妆盒里，必然暗藏玄机。刘后立刻找来寇氏严刑拷问。但寇氏却已经横下了心，受尽刑罚折辱后，含恨触阶而死。至于陈琳，毕竟是侍奉御驾的内侍，刘后不得真相，又恰逢圣旨来宣陈琳，只好将陈琳放走。

回到李妃这条线索，见了世子后她夜夜奉香祈福，祷告平安，却不想被恶人诬告"每夜降香诅咒，心怀不善"。真宗轻信谗言，赐了李妃白绫自尽。幸得冷宫总管秦凤在李妃入冷宫之时，就已经为她埋下了一线生机。等真宗赐死李妃的消息传到冷宫，与李妃长相酷似的内侍余忠，已经散开了头发，与李妃互换了衣衫，扮做李妃替死。而李妃则扮成患病的余忠，被秦凤送往了陈州养病。

民间演义写到这里，章献太后已然被刻画成了一个可以为一己之私断送赵宋子嗣前程的文学作品角色。事实上，这与史中所载的"一代贤后"形象，是判然不同的。

在真宗去世后的十年间，章献太后临朝摄政，辅佐仁宗，得到"太后临朝十余年，天下晏然""太后称制，虽政出宫闱，而号令严明，恩威加天下"的正史评价。宋仁宗去世后，北宋名臣司马光给曹皇太后（宋仁宗的皇后、宋英宗的母亲）所上的疏中盛赞章献太后的治世之功，他说："章献明肃皇太后保护圣躬，纲纪四方，进贤退奸，镇抚中外，于赵氏实有大功。"同为北宋文学家和官员的苏轼也说："宋兴七十余年，民不知兵，富而教之，至天圣、景祐极矣。"这里的天圣、景祐都是仁宗继位后的年号，其中天圣共计十年，正是章献太后临朝摄政的时间段。

所以，无论北宋同时期的官员还是后代史书，对章献太后的功绩都做了盖棺定论式的正向反馈，这位"有吕武之才，无吕武之恶"的一代贤后，为什么会以一个"恶妇""妒后"的形象，出现在"狸猫换太子"这段传奇故事中呢？这可能要从章献太后入宫前颇为传奇的经历，以及临朝摄政时所树立的政敌两个方面来看。《宋史·列传第一·后妃上》对章献太后的经历记录如下："初，母庞（指章献太后之母）梦月入怀，已而有娠，遂生后。后在襁褓而孤，鞠于外氏。善播鼗。蜀人龚美者，以锻银为业，携之入京师。后年十五入襄邸（宋真宗赵恒即位前所住的府邸，赵恒曾封襄王），王乳母秦国夫人性严整，因为太宗言之，令王斥去。王不得已，置之王宫指使张耆家。太宗崩，真宗即位，入为美人。以其无宗族，乃更以美（即龚美）为兄弟，改姓刘。大中祥符中，为修仪，进德妃。"司马光在《涑水记闻》（卷第六）中对这段故事也有较为详细的记录，他说："宫（龚）美以锻银为业，纳邻倡妇刘氏为妻，善播鼗。既而家贫，复售之。"南宋李焘也在《续资治通鉴长编》（卷五十六）中说："刘氏始嫁蜀人龚美，美携以入京，既而家贫，欲更嫁之。"据此，我们基本可以还原出章献太后入襄邸之前的经历：襁褓而孤，被外祖父母收养，少时先嫁银匠龚美为妻，龚美携刘氏入京后，因家中贫困，便又将刘氏卖入了襄王赵恒的府邸。入府后的刘氏显然受到了赵恒的诸多关爱，即便当时的宋太宗发话，命令赵恒赶刘氏出府，赵恒也要想办法将她藏在自己的指挥使张耆的府中。直到太宗驾崩，赵恒登基，刘氏才得以入宫为美人。更有趣的是，作为刘氏前夫的银匠龚美，又因为刘氏没有宗族的缘故，还被刘氏认作了兄长。司马光称章献太后早年为倡妇，《宋史》中的"善播鼗（"鼗"即鼗鼓，是一种长柄的摇鼓乐器，也就是我们现在所看到的拨浪鼓）"，也隐含着章献太后幼时做过卖艺歌女的可能。

　　北宋时风气宽容，才有歌女刘氏二嫁却依然可以一路披荆斩棘登上后位的传奇。但随着南宋以后理学兴盛，那些不利于女性自由与率性发展的言论甚嚣尘上，民间及后世文人以章献太后为靶，不断添枝加叶诉其罪恶，也就可以理解了。

　　除了身世历史外，章献太后在临朝期间，也有"逾制"的记载。《宋史·列传第一·后妃上》上载："小臣方仲弓上书，请依武后故事，立刘氏庙，而程琳亦献《武后临朝图》。"可见章献太后当年对江山的把控，已颇有武皇的威仪。明道元年（1032），章献太后决定在次年穿上帝王之服临太庙行祭祀大典，这一行为引发了文武百官的极大不满。明道二年（1033）二月，章献太后虽则成行，却也是与群臣做了妥协。她将帝王衮服十二章图案中象征忠孝的"宗彝"与象征洁净的"藻"章都予以除去，并卸掉了象征男性帝王权力的佩剑。据说在章献太后临终之时，仁宗见其一直撕扯自己的衣服，十分不解，但时任参知政事薛奎却看得明白，一语道破："太后不愿先帝于地下见她身穿天子之服。"章献太后最终完成了"吾不作此负祖宗事"的承诺，始终没有像武皇那样临朝称帝，却也在事实上有了士大夫所十分在意的"逾矩""僭越"行为，还曾凭借政治手腕扫清了称制路上的障碍，这也必然会引起当时文人及民间舆论的口诛笔伐。

　　关于"狸猫换太子"这个故事的来龙去脉，胡适先生在《中国章回小说考证》中的一段话很适合用来作总结：李宸妃故事的变迁沿革也就同尧舜桀纣等等古史传说的变迁沿革一样，也就同井田、禅让等等古史传说的变迁沿革一样……孟子只说了几句不明不白的井田论；后来的汉儒，你加一点，他加一点，三四百年后便成了一种详密的井田制度，就像古代真有过这样的一种制度了。尧舜桀纣的传说也是如此的。古人说的好，"爱人若将加诸膝，恶人若将坠诸渊"。人情大抵如此。古人又说，"纣之不善，不如是之甚也。是以君子恶居下流，天下之恶皆归之"。古人把一切罪恶都堆到桀纣身上，就同古人把一切美德都堆到尧舜身上一样。这多是一点一点地加添起来的，同李宸妃的故事的生长一样。尧舜就是李宸妃，桀纣就是刘皇后。

《绣像全图狸猫换太子三集》插图

明

皇帝带头做猫奴

如果要在中国历史中找出一个上自王公贵族、下到平民百姓全民"吸猫"的时代，那一定非明代莫属。这是一个皇帝带头做猫奴的时代。明初在宫禁置猫，本意是用"猫之牝牡相逐"为长于深宫之中"不知人道"的皇嗣们"感发生机"，说白了就是给宫中的子孙"看猫片"，普及性知识。却不曾想猫儿以其软萌之态，俘获了明代大部分帝王的心，一个至高无上的皇家"吸猫天团"就此写入历史。

　　自宫廷而下，士人和市井皆有效仿。宫猫吃得奢华，民间富户的猫食更是有过之而无不及。但全民养猫糜费颇多，到了明中后期，帝王对宫猫宠溺过度，还形成了宫猫冲撞皇嗣，致使皇子皇女们"惊搐成疾"的局面，股肱之臣们纷纷对这股奢靡之风感到无比担忧。明代文人对猫的感情相较于单纯爱猫的宋代，更具复杂性。

　　在全民养猫的风潮中，中国第一部养猫专著《纳猫经》诞生了，虽然署名元末明初文人俞宗本所撰，但看起来更像是坊间托名的作品。不过这恰好说明了人们对于普及养猫知识的需求和努力。

　　明代也是猫妖修行成功的年代，金华猫妖不仅在中国影响深远，还远及海外，深刻影响了日本等国的猫妖文化。

大明皇家"吸猫天团"

　　自明成祖迁都北京，猫的身影就开始在紫禁城中活跃了起来。据明代宦官刘若愚所著的《酌中志》（卷二十四）记载，明初在宫闱之中饲养猫的原因，无非是要用这种多子多产的动物，为皇家子孙后代树立生育继嗣观念。"祖宗为圣子神孙长育深宫，阿保为侣，或不知生育继嗣为重，而宠注于一人，未能溥贯鱼之泽，是以养猫养鸽，复以螽斯、百子、千婴名其门者，无非借此感动生机。"螽斯是和蝗一类的昆虫，多子，古人常用螽斯来祝祷多子多孙。《诗经·召南》中就有《螽斯》一篇来表达"宜尔子孙"的祝福语。猫在这里也有相同的寓意。当然，也有人说，明初养猫是为了给长于深宫的皇家子孙做性知识的启蒙，有点类似今天许多"铲屎官"戏称的"看猫片"。据清人抱阳生所著的《甲申朝事小纪》："国初设猫之意，专为子孙长深宫，恐不知人道，误生育继嗣之事，使见猫之牝牡相逐，感发其生机。又有鸽子房，亦此意也。"

　　从明成祖朱棣开始，一支由明朝历代帝王组成的最强"吸猫天团"逐渐浮出水面，堪称明史上的一个奇观。朱棣后宫爱猫，有个有趣的传说。据明代许浩《两湖麈谈录》及陈九德《皇明名臣经济录》中记载，杭州道士周思得学习符箓之术，永乐时期应召赴北京，在紫禁城之西为其修建天将庙、祖师殿（宣德年间改为大德观），他修习一种王灵官法，祈祷往往有灵应。朝廷有疑问，经常让太监带着封好的御札，由他施法在香案焚化，神灵得到消息便会降灵回复。期间周思得道士并不打开御封，也不知道其中写的内容。有一次神降之时，颇为愤怒，周道士连忙说：我是因为有圣旨才敢召唤，您为何如此生气？神说：这种小事也要来亵渎我吗？周道士问：这次圣旨询问了什么事情呢？神说：走丢了一只猫儿！这只猫现在在某个楼的抑尘板上，没什么大碍。后来太监果然在这个楼找到了猫。这个故事中的神灵未必是事实，但宫中爱猫事迹由此可见一斑。明代人传播这样的故事，大概就是为了表达对皇宫迷信与宠猫的双重不满。

明仁宗朱高炽与宣宗朱瞻基父子，是著名的"铲屎"皇帝父子兵。清代书画家陆时化在其《吴越所见书画录》中，记载了宣宗（一说为仁宗）皇帝闲来无事给宫猫画像，还要顺便考校臣下的轶事。宣德三年四月八日这一天，宣宗特地宣召了内阁老臣杨士奇，让他为自己亲笔所画的《宫猫图卷》题赞。彼时的杨士奇已经是四朝元老，入值文渊阁，是有明一代德高望重的贤相，他稳居朝堂几十载，自然深谙猫鼠话题的政治含义。

在杨士奇的赞诗中，他先称许了画中黄白两狸的神情："黄者猬缩，威敛而藏""静者蓄威"，而白狸"攫身抖擞，白雄且犷""动者御变"。这里，杨士奇用狸猫比喻朝中贤能，朝中有如此恪尽职守的官员，就如同"猛虎在山"，能使百兽股战而栗。

明 朱瞻基（传）《唐苑嬉春图》（局部）

　　有狸有狸，或白或黄。黄者狷缩，威敛而藏。攫身抖擞，白雄且犷。我皇图之，妙尽厥状。猛虎在山，百兽股战。静者蓄威，动者御变。臣士奇。

　　题彼诩诩，胡然逐逐。啸侣鸣俦，群焉兴瞩。乃知睿虑，无大无小。罔敢戏豫，允孚至道。臣士奇。

　　宛转作势，闲整自持。或如游龙，或类伏狮。硕果不食，以游以嬉。乐我皇道，牙爪是司。宣德三年四月八日，臣士奇侍直文渊阁。上出是图，命臣题识。臣谓劣庸鄙，无以仰赞高深，谨系赞三首，芜蔓固陋，殊污绢素。惶恐交并，曷胜屏营。臣杨士奇拜手敬识。

宣宗画作中，如今还能看到《五狸奴图卷》《花下狸奴图轴》，以及宣德四年（1429）赏赐给杨士奇的《壶中富贵图》等。在《壶中富贵图》杨士奇题写的跋文中，也有关于猫鼠隐喻的政治伏笔，他说："君臣一德，上下相孚。朝无相鼠之刺，野无硕鼠之呼，则斯猫也。"意思是，君臣上下同心同德，有如猫的存在，使朝野均无《诗经》中描述的"相鼠""硕鼠"之虞。

《花下狸奴图》描绘的是在湖石、野菊下面两只正在舔爪歇息的猫儿。在绘画方法上，宣宗用没骨法来处理猫的身躯，先填染底色，再勾描皴擦毛发及斑纹，呈现出毛茸茸的质感，画面清新优雅，风格遥接北宋宣和画院。

《壶中富贵图》描绘一只猫儿仰望头顶插着牡丹花的悬吊铜壶，神情好奇，似乎正要跳上去看个明白。图中牡丹寓意富贵。宣宗画猫用笔精细，可谓纤毫毕至。

终明一代，既有像杨士奇这样借宣宗画作，以猫鼠关系及喻君臣之道的四朝老臣，也有凭借"贺嘻鸟兽文字"而平步青云的"青词宰相"。

嘉靖帝朱厚熜曾有过一只极其受宠的狮猫，猫儿"美毛而虬，微青色，惟双眉莹洁，名曰霜眉"。霜眉不仅模样好看，在众多宫猫之间也是最温婉、善解人意的一个，它"善伺上意，凡有呼召或有行幸，皆先意前导"。《宛署杂记》中说它"目逐之即逃匿，呼其名则疾至，为舞蹈之状"，只要一个眼神让它

明　朱瞻基《花下狸奴图》

离开，它就会离开；只要唤它的名字，它就会急急跑来，在人跟前雀跃，完全没有猫儿"高冷"的状态。"上或时假寐，霜眉辄相依不暂离，即饥渴或便液必俟醒乃去。上以是怜而异之，封为虬龙。"作为一只日日跟随在嘉靖帝身边的宠猫，霜眉连"侍寝"都是当仁不让的。当嘉靖帝凭案假寐时，它就靠着皇帝躺下。假如腹中饥渴或者想方便了，霜眉也一定是要等到嘉靖帝醒来以后才会跑出去解决，难怪深得帝王的欢心，因此被皇帝封号"虬龙"。

有一天，霜眉走到嘉靖帝面前，"若疲而泣者，有顷走他所，盘曲以死"。据沈德符《万历野获编》记录，霜眉死后，"上痛惜，为制金棺，葬之万寿山之麓，又命在值诸老为文，荐度超升"。在这一次嘉靖帝召集诸臣为霜眉草拟超度祭文的"测试"中，写作的内容就是青词，是道教举行斋醮时上奏天庭的祝文。供职于礼部的官员袁炜，以一句"化狮成龙"脱颖而出，使嘉靖帝为之动容，而其他诸人均因"题窘"难以下笔成文。袁炜的这句"化狮成龙"并非是他信口道来的想象，而是有典可依。据宋代徐铉《稽神录》记载，五代十国时期，前蜀王的近臣唐道袭家的猫，就在一个雷电交加的夏日化龙而去。后来，霜眉的墓地被取名为"虬龙冢"，袁炜也因这篇为猫所写的青词得到嘉靖帝赏识，一举跃迁少宰之位，当时人戏称他为"青词宰相"。清代史梦兰《明宫词》中就有"奇兽珍禽贡异方，内廷廪禄附貂珰。等闲百鸟房前过，未见梧桐集凤凰”"万岁山阴小碣镌，狮龙变化最堪怜。持杯暗向霜眉酹，尚怪君王雨露偏"等诗句来描述明代宫廷养猫的情景。

明代中后期宫猫数量越来越多，为了照看这些御猫的饮食起居，宫廷还专门设置了一个叫作"猫儿房"的内务机构。宦官刘若愚在《酌中志》（卷十六）中说："猫儿房，近侍三四人，专饲御前有名分之猫。"这个猫儿房除了日常饲养外，还会根据猫儿是否得宠，为其拟定诸如"猫管事"之类的"位份"，"凡圣心所钟爱者，亦加升管事职衔。牡者曰某小厮，骟者曰某老爹，牝者曰某丫头。候有名封，则曰某管事，或直曰猫管事，亦随中官数内关赏"。猫儿房拟定的体系中，雄性公猫被称为"某小厮"，如果是被阉割的公猫，则被唤作"某老爹"，普通的雌性宫猫被称为"某丫头"；而如果有宫猫得到皇帝的宠爱眷顾，就会被称为"猫管事"。在陈悰的《天启宫词》里，还有"丫头日日侍君王"的描述，这里"丫头"指的就是宫中的母猫。清初宋荦的《筠廊偶笔》中说："前朝大内猫犬皆有官名、食俸，中贵养者常呼猫为'老爷'。"这些猫往往都要取非常好听的名字，如"一块玉""乌云罩雪""金钩挂玉瓶"之类，甚至有的还要染色，例如改为大红色。

当时宫中流行斗促织，养促织之盆稍小于斗促织之盆，一盆皆价值十数金。而喂猫的器皿，则更是用上等铜质制造，宣德炉中内有名为"猫食盆"的，其价值又更重于促织小盆。

在明朝历代猫奴皇帝的追捧和宠溺下，明代宫猫的地位逐渐登峰造极。但物极必反。《万历野获编》曾提到神宗万历朝的一个现象，因万历皇帝对猫十分宠溺，所以宫猫最是不怕人，"又猫性最喜跳蹱，宫中圣胤初诞未长成者，间遇其相遘而争，相诱而嗥，往往惊搐成疾，其乳母又不敢明言，多至不育"。看到宫中尚处幼年的皇子公主出行，宫猫们也不回避，从来都是该打斗打斗，该叫春叫春，那种猛烈的斗殴和凄厉的叫声竟然可以让这些皇室幼子"惊搐成疾"。乳母、宦官们迫于主上对宫猫的喜爱和纵容，亦不敢声张。《酌中志》（卷十六）中也说："凡皇子女婴，孩时多有被猫叫得惊风薨夭者，有谁敢言。"原本为明代皇家延续子嗣而养育的宫猫，竟一度成了幼年皇子公主性命的威胁之一。

据清人笔记，明代皇宫有位太后有一只会念经的猫。清代黄汉《猫苑》中记载，刘月农云："前朝太后之猫，能解念经，因得佛奴之号。"《猫苑》的作者黄汉则认为："余谓猫睡声喃喃似念经，非真解念经也。然而因此受太后盛宠，而得佛奴之懿号，庸非猫之异数也欤？"

不仅皇宫内爱猫，皇室其他成员中也不乏猫奴，第八代辽王朱宪㸅被废为庶人后，靠着画猫谋生。明太祖朱元璋第十五子朱植被封为辽王，建藩于广宁，传到朱宪㸅时，宫室苑囿、声伎狗马之乐甲于诸藩。朱宪㸅生性风流好文，雅工诗赋，尤嗜宫商，明代著名文学家袁中道评价他"粗知乐府，亦俚俗，颇有当家语"。在其宫苑中，养有各色珍奇异兽，不乏有多个品种的猫。后因罪被贬为庶人，禁锢在凤阳，史料称其"贫不能自存，尝画猫易米"。在他生命中最艰难的岁月里，猫成为其生命中最后的支柱。

朱元璋与百猫坊

在南京老城南彩霞街的南端，曾有一座高3.6米、宽10米的明代石刻牌坊，矗立了将近六百年。这座牌坊最初由六块岩石叠砌而成，但整体上看，却又像一整座原石一体雕刻。牌坊柱体下部的前侧，各有一只高1米的石猫据守，而牌坊本体上更是栩栩如生地刻画了一百只神情各异的石猫。坊间称之为百猫坊、白猫坊或者石猫坊。

百猫坊所在之地，原是明朝立国之初的水师名将虢国公俞通海的府邸。有关百猫坊的由来，正史中并无明确记载。但民间口耳相传，说百猫坊原是明代开国皇帝朱元璋赠与俞通海的，其中原委也颇为戏剧化。

《明史·俞通海传》记载，俞通海随父辈从安徽凤阳迁徙至巢湖，与其父俞廷玉以及赵普胜、廖永安等将领"结寨巢湖，有水军千艘"。元至正十五年（1355），俞通海率巢湖水军投奔当时驻扎在和阳，正在"谋渡江"却苦于"无舟楫"的朱元璋。俞通海此举可谓是雪中送炭。后来，俞通海因"长于水战"，成为朱元璋的得力干将。他曾于陈友谅的骁将张定边围困朱元璋之际，"飞舸来援"，利用自己所在的船只快速前进时涌动的波浪，推开太祖的船舰使其脱困，而自己则"复为敌巨舰所压，兵皆以头抵舰，兜鍪（指头盔）尽裂"，才得以在险境中脱身。

大败陈友谅以后，俞通海又和另一位明初名将徐达一起平定了安丰、湖州、太仓等地。在他们的带领下，军队所到之处对群众秋毫未犯，军纪严明。但这也是俞通海最后一次为明朝江山一统而战了。在苏州桃花坞作战时，俞通海不慎中了流矢，伤重无法痊愈。返回金陵后，朱元璋亲往探视已经病入膏肓的俞通海，问道："平章知予来问疾乎？"但此时的俞通海已经说不出来话了，"太祖挥涕而出"。翌日，年仅三十八岁的俞通海就因伤势过重离世，"太祖临哭甚哀，从官卫士皆感涕"。

俞通海死后，太祖追赠其光禄大夫，并追封豫国公，洪武三年（1370）改封虢国公，至洪武二十三年（1390），俞通海三代皆封公爵。正史上这段君臣关系虽然令人感涕，但却并不能阻止民间想象力的发挥。坊间传闻，在俞氏一族备受帝王恩泽的时候，其家族势力也同时遭到压制，这座百猫坊就是明太祖用来打压俞家宅邸留在秦淮河上的"王气"的。而这王气的由来，众人都说是因为"俞通海"谐音"鱼通海"，古人信奉鱼跃龙门是吉兆，也就有了"鱼，通海为龙"的说法。朱元璋听后宁可信其有，遂令刘伯温组织破解"王气"。刘伯温于是命人造了一座百猫坊，置于俞家宅邸跟前，以"猫吃鱼"的寓意来震慑俞家的"通海"之气。除了这座百猫坊，民间还有传说刘伯温同时布下了一个"八卦阵"，如今留存在秦淮河上的"钓鱼台""赶鱼巷"，都是当年八卦阵的所在。

关于"钓鱼台"和"赶鱼巷"这两个地名的由来，还有一个相似的民间传说可以参照印证。据传明朝开国之初，刘伯温曾梦见南京燕雀湖中冒出两条"鱼精"，从水路逃入秦淮河中。而秦淮河汇入长江，"鱼精"也可以通过长江进入大海，跃为龙身，对江山不利。于是太祖下令在秦淮河边设置钓鱼台"御驾亲钓"，并设置关卡把游向长江的鱼都逆流赶回秦淮河中，赶鱼巷的地名便由此产生。现在，南京仍有钓鱼台旧址，以及以钓鱼台命名的巷道。至于"赶鱼巷"的地名，现今已经演化成了"甘雨巷"。

南京的内秦淮河一带，还有不少有趣的地名都和这个传说密切相关。钓鱼台北面的船板巷，是用船板拦鱼（俞）的地方；堵门桥，则是用门板堵鱼（俞）的地方，后来演变为"陡门桥"，其遗址应该在升州路和鼎新路交叉口附近；堵门桥西南沿着内秦淮河还有一条柳叶街，道边曾种满柳树，取义"柳条穿鱼（俞）"。

不过，民间有这样的传说其实并不意外。明初胡惟庸案和蓝玉案的发生，就已经为朱元璋镇压俞宅"王气"的说法奠定了民意基础。这两案并称"胡蓝之狱"，是明太祖朱元璋诛杀其开国肱骨的主要事件。从洪武十三年到二十六年间，朱元璋借两案将明初政治集团中可能出现的不稳定因素赶尽杀绝：胡惟庸案的结果是废除丞相制度，实现君权对相权的压制；而蓝玉案的结果，则是为皇太孙朱允炆的即位扫清障碍。但这也变相地将跟随自己打下明朝江山的开国功臣几乎诛杀殆尽，不怪民间会发展出以百猫坊为代表的一系列传说。

如今我们若是再到南京探寻百猫坊的遗迹，难免会感到遗憾。20世纪90年代初，某开发公司为在当地建设住宅小区，偷偷拆掉了这座珍贵的石雕文物，并将其拆成二十多块残件，置于上浮桥附近的某处小院。至2019年，有媒体记者专门探访时发现，百猫坊的残件已经从小院转移到雨花门一侧的墙根下，有栅栏维护，但仍为露天存放，风化较为严重。

不过百猫坊原址复建的工作，业已提上规划日程。2019年2月，南京市规划和自然资源局官网上发布过名为《南京内秦淮河（中华门—西水关段）城市设计及〈南京市主城区（城中片区）秦淮老城单元控制性规划〉修改》的公众意见征询，其中有一条建议便在是该地段建立石猫坊（即百猫坊）新坊。这座历经沧桑的百猫坊在不久的将来，也许还会再现当年的风貌。

朱元璋和猫，还有一则颇为残忍的传说。明初，朱元璋筑室后湖（南京玄武湖），以藏天下黄册。当时一些民众前来觐见，他询问其中德高望重、经验丰富的老者："这个建筑应该朝向什么方位？"一老回答："宜东西向。早晚日色取晒，庶无湿润。"朱元璋大喜，问其何姓，回答说姓毛。朱元璋说："汝言良是，令汝守之，俾无鼠耗。"竟将这位老人活埋在室中，就是取毛、猫发音接近。此事在明代郎瑛的《七修类稿》（卷九）和何乔远的《名山藏》（卷四十六）中都有记载。

黄册是明代社会经济制度下的一种产物，是明代用来管

理户口和征调赋役的一种依据，黄册制度始于洪武十四年
（1381）正月。黄册是明王朝户籍与赋役合二为一的册籍，以
登载家庭人口、财产为主。明王朝政府规定黄册十年大造一
次，除各地政府存留一份外，还须向户部呈送一份。按黄册制
度规定，呈送到户部的册籍必须以优质黄纸或黄绢做封面，以
备皇帝御览，故而称之为"黄册"。玄武湖是明代黄册库所在
地，因此在整个明代都被视为禁地，禁止百姓游览，与外界
隔绝二百六十多年。玄武湖目前建有"明后湖黄册库遗址展
馆"，可供游客参观。

明末清初　朱耷《杂画册》

明代文人与猫的爱恨情仇

如果说宋代文人爱猫成痴，那明代文人与之相比，也是有过之而无不及的。

和宋代有聘猫的传统一样，明人聘猫也很具仪式感。吴中四才子之一的文徵明在《乞猫》诗中说："遣聘自将盐裹箬，策勋莫道食无鱼。"大概意思是，自己用箬竹叶打包了一些食盐给猫的主人，又给小猫准备了鱼，来到一位有猫的友人处"亲迎"。在此之前，文家的女儿也早早地为即将到来的小猫置办好了毛毯，作为它日后的舒适居所，是为"女郎先已办氍毹"。这可比宋人聘猫的礼数又周全了许多。

到家后的新猫深得文徵明的喜欢。这位一向以山水画见长，并在画史上与沈周、唐寅、仇英并称"明四家"的著名画家，也为这只小猫提笔丹青，留下了一幅《乳猫图》。图上的小猫把后腿翘得老高，正在作日常的舔舐清洁工作。文徵明此举像极了现如今的许多"铲屎官"，一看到自家猫摆出一些神奇的动作就忍不住拍照晒社交平台的样子。

说到为自家的猫作画，那就不得不提"明四家"的另外一位画家沈周了，他是文徵明的老师，并开创了明代中期以山水画为主要建树的"吴门画派"。在沈周的《写生册》中，有一只趴卧在地的鱼骨纹狸花猫，大猫肥胖的身躯遇到平地，就摊成了一团，绝对可以说是中国古代"猫饼"的重量级代表。

明 文徵明《乳猫图》

　　明代官员们还喜欢用猫比喻良臣, 官至太子太保的张邦奇, 有一首《题画猫》诗云: "千家万家都畜猫, 猫不在时百怪器。寰中饕餮复不少, 要得王鲁长立朝。"

　　明末清初南京著名的秦淮八艳之一的顾横波, 通晓文史, 工于诗词, 才貌双绝, 有 "南曲第一" 之称, 她生性极为爱猫, 崇祯十四年 (1641) 嫁给龚鼎孳后, 养了一只叫 "乌员" 的猫, "日于花栏绣榻间, 徘徊抚玩, 珍重之意, 逾于掌珠", 每天都要用最好的食物和上等的鱼肉去饲喂, 终于有一天, 猫因为吃得太饱而撑死了。顾横波为之哀伤许久, 甚至连日吃不下饭。龚鼎孳专门为这只猫定制了一口沉香棺材, 并延请了十二位比

沈周《写生册》中的《猫图》

丘尼建立道场，为之超度三天三夜。

明代养猫深入人心，沈璟的格律著作《增定查补南九宫十三调曲谱》中记录的元代以来的曲调，就有《莺猫儿》《琥珀猫儿坠》《猫儿坠桐花》《猫儿入御林》《猫儿逐黄莺》《猫儿坠梧枝》《猫儿坠玉枝》《猫儿来拨棹》《猫儿拖尾》《猫儿呼出坠》《猫儿赶画眉》《猫儿戏狮子》等和猫有关的曲调。

明代文人对猫的态度，也不全是赞誉。刘伯温的文学造诣极高，《四库全书总目提要》称"其诗沉郁顿挫，自成一家"，"树开国之勋业，而兼传世之文章，可谓千古人豪"。其诗诸体皆工，沈德潜《明诗别裁集》曰："元季诗都尚辞华，文成独标高格，时欲追逐杜韩，故超然独胜，允为一代之冠。"他有一首《题画猫》："碧眼乌圆食有鱼，仰看胡蝶坐阶除。春风漾漾吹花影，一任东郊鼠化鴌。"前三句铺叙画面，结句则通过描写田鼠自由自在的生活，讽刺食禄而不尽职的官员，比喻贴切，描写生动传神。再如被评价作诗"不事雕饰，往往有自然之致"的胡奎，其《题睡猫图》云"虎质斑斑卧石苔，翻盆黠鼠亦惊猜。日高花影浑如醉，应吃东家薄荷来"。这首诗抓住一个细节，猫睡在那里昏沉如醉，完全不知捕鼠，作者开玩笑嘲讽它应该是猫薄荷吃多了。这实际上是一首讽刺诗，讽世深而幽默风趣。

类似主题的作品还有明人刘泰的《咏猫》诗："口角风来薄荷香，绿阴庭院醉斜阳。向人只作狰狞势，不管黄昏鼠辈忙。"明初龚诩的诗多写世情民隐，《四库全书总目提要》评价其"在（白居易）《长庆集》、（邵雍）《击壤集》间"，又说"要其性情深挚，直抒胸臆"。他有一首《饥鼠行》："灯火乍熄初入更，饥鼠出穴啾啾鸣。啮书翻盆复倒瓮，使我频惊不成梦。狸奴徒尔夸衔蝉，但知饱食终夜眠。痴儿计拙真可笑，布被蒙头学猫叫。"本应捕鼠的猫儿虽有本事，却饱食酣眠，从不出力。自己家的痴儿实在没有办法，只好学猫叫以惊吓老鼠。诗人表面上笑痴儿之"计拙"，实际上却在写对狸奴尸位素餐的不满，讽世的意味自然流露而出。

明人胡侍家中有一只白色雄鸡，被猫咬死，他愤而写下《骂猫文》，更是借猫讽人，以鸡暗指有节行的文人，以猫比喻尸位无能而又暗害忠良的官员：

咄，汝猫！汝无他职，职在捕鼠。以兹大蜡，古也迎汝。不鼠之捕，曰职不举，而又司晨之禽，焉为是食？计汝之罪，匪直不职而已也！咄，汝猫！相鼠有类，实繁厥徒；或登承尘，或撼户枢；或缘榻荡几，或噆樽舐盂；或覆卺孔椟，或齧图裰书。汝于是时，傥伺须臾，即不逾房闼，而汝之腹以饫，人之害以除矣。其或不然，则但据地长号，咆哮噫呜，虽不鼠辈之克殄，而声之所慑，鲜不缩且逋矣。而寂不汝闻，而杳焉其徂，吾不意汝，窥高乘虚，越垣历厨，缘干超枝，攀柯摧苇，而劳苦于一鸡之图。鼠为人害，汝则保之；鸡具五德，汝则屠之；鼠也奚幸，鸡也奚辜！虽则，汝有不若汝无；无汝，则鼠之害不益于今，而鸡之祸吾知免夫！

和胡侍有类似遭遇的是崇仁学派的创立者吴与弼，褚人获《坚瓠集》说吴与弼家养的鸡为野猫所食，他愤而写诗烧给土谷神祠，诗中写道："吾家住在碧峦山，养得雄鸡作风看。却被野狸来啮去，恨无良犬可追还。甜株树下毛犹湿，苦竹丛头血未干。本欲将情诉上帝，题诗先告社公坛。"没几天雷雨大作，人们看到这只野猫被雷劈死在神坛前。

明人养猫的奢靡之风也让一些胸怀天下的股肱之臣感到担忧。明代戏曲家徐复祚的《花当阁丛谈》中记载了一个富户之子每天买熟猪蹄喂猫的故事，他说："一机户名彭禹，其子日买熟豕蹄饲狮猫，又某子甲以人参煮秫米粥饲马"，民间富户对待这些动物都如此奢靡，"又何怪乎国家之虚费也"。事实也是如此，明晚期政治家朱国桢在《涌幢小品》中提及京城中为皇家饲养猫的乾明门糜费颇多："猫十二只，日支猪肉四斤七两，肝一副……虎三只，日支羊肉十八斤。狐狸三只，日支羊肉六斤。文豹一只，支羊肉三斤。豹房土豹七只，日支羊肉十四斤。西华门等处鸽子房，日支绿豆、粟、谷等项料食十石。"对这些不必要的支出，这位臣子心有戚戚焉，接连发出质问："今太平已久，主上深居，不出一步，畜此何用？此皆可灭而人臣所不敢言者，推此类国家虚费何极，财安得不匮，而民安得不穷乎？"明代中后期所遇到的政府财政赤字困境在乾明门这里就能见微知著了。

路上见猫呼"咪咪"

中国人遇到别人家的猫或路上的流浪猫，习惯性地喊"咪咪"或"喵喵"，这种呼猫的习惯，很可能始于明朝。明代李梦阳《论学上篇第四》（见《空同集》卷六十五）中说："如啄啄呼鸡，落落呼猪，咄咄呼马驴，苗呼猫，鹭呼雀，呼之则应者，知声也。"黄一正《事物绀珠》中说："呼猫声曰'呹呹'，又曰'苗'。"明末顾起元记录当时南京民俗的《客座赘语》中，有一则"鸟兽呼音"："留都呼马骡驴曰咄咄，呼犬曰啊啊，呼豕曰呶呶，呼羊曰哔哔，呼猫曰咪咪，呼鹅鸭曰咿咿，呼鸡曰卼卼，呼鸽曰嘟嘟。"李时珍《本草纲目》中也说："猫有苗、茅二音，其名自呼。"

明代薛朝选《异识资谐》中记载当时福建人骂声云"貌貌"，即猫叫声。所以陈启东《述闽人常谈诗》中有一联很诙谐的诗句："昨听邻家骂新妇，声声明白唤狸奴。"福建人说了一晚上脏话，诗人听起来感觉他喊了一晚上猫。

有的人则喜欢用"吱吱"声来吸引猫，这种习惯历史似乎更早，宋末元初白珽的《湛渊静语》中便记载："俗以舌音'祝祝'，可以致犬；唇音'汁汁'，可以致猫。汁汁声，类鼠也。"这是模仿老鼠的叫声来吸引猫。这种习惯从元代一直延续到今天。清代孙震元（即撰写《衔蝉小录》的孙荪意之父）写过两首《失猫》诗，其中一首有句云："昨宵失却小於菟，儿女楼头

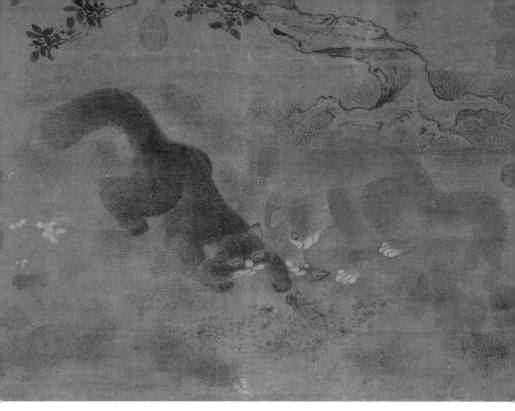

汁汁呼。"

中国人还有一个传统，喜欢给孩子取贱名。《清稗类钞·讥讽类》中载：

吾国自黄帝宰治以来，至宣统辛亥，易姓二十五，历年四千六百有八，固犹未脱离宗法社会也。所持为家族主义，故自天子以至于庶人，莫不重视嗣续，此所以有不孝有三无后为大之说。又以后为男系，通国之人，乃皆重男不重女也。于是有男子子之诞生，辄以猫狗等字为咳名，祝其长成之速如猫如狗也。然与古人之所谓豚儿犬子者，意义大异。豚儿犬子，言其蠢而不慧，谦辞也，譬以猫狗，则祝辞矣。盖惧宗祧断绝，祖宗及己将为若敖之鬼，故冠以发语之阿字而呼之，不曰阿猫即曰阿狗。

　　明末清初法国来华传教的耶稣会士白晋（Joachim Bouvet）所辑《古今敬天鉴》中记载了他和中国学者的一段对话："余曰：'贵邦黎民与小子，或耳带环坠如女；或鼻带圈如牛、猪；或项带锁索、鞋绳如犬、驴。又称名怪异，如狗儿、驴儿、女子等般。愿请其故何谓？'中士曰：'父母柔爱己子，心恐魔爱之而取己命，特装之以诳魔，而免其害故也。'"很形象地说明了当时人们给孩子取贱名的习俗。

　　这种习俗起源很早，汉代司马相如的小名就叫犬子。《史记·司马相如列传》中说："（相如）少时好读书，学击剑，故其亲名之曰犬子。"《南史·张敬儿传》中记载张敬儿的母亲生了两个孩子，分别取名叫猪儿、狗儿，后来宋明帝嫌狗儿名鄙，改为敬儿，猪儿则改名为恭儿。清代胡式钰的《窦存》中曾梳理过历代史料中叫狗儿的人，从先秦的《左传》开始，历代都有其人：

　　　乡里狗以名子。《左传》：卫歜犬、史狗、郑宛射犬、堵狗。《史记》：司马相如，其亲名之曰犬子。《后汉书》：梁冀之子允，一名胡狗。《三国志》：曹操见孙权叹曰：生

子当如孙仲谋，如刘景升儿子豚犬耳。《齐书》：张敬儿胁
力而性贪残，在宋世本名狗儿，宋明帝改为敬儿。《梁书》：
江阳人齐狗儿反。《十六国春秋·前秦录》：杨定叔父佛狗。
《唐书》：李勣年将八秩，遇疾，命置酒奏伎，列子孙，谓
弟弼曰：'我有如许豚犬，将付汝。'安禄山子庆绪，遣阉
竖李狗儿执刀入帐中，斫禄山腹。《元史》有石抹狗狗、郭
狗狗、宁猪狗。

除了狗，其他动物也往往被用来做小名，例如汉武帝刘彻小名
彘儿，北魏太武帝拓跋焘小字佛狸，北周文帝宇文泰小名黑獭，
唐昌寿公主小名虫娘，北宋王安石小名獾郎。

历史上把孩子叫狗子的人很多，但把孩子取名"猫"的不
算太多。唐开元六年（718）有一位叫张猫的人在江苏东海塑了
一尊佛像，造像记流传至今。

普遍取名叫猫，应该是从明代开始的，例如明伏雌教主的
小说《醋葫芦》中，有个"专捉鸟儿的张小猫"，大名叫小猫，
小名则叫猫儿。到了清代，以猫为名的人更是不少。《猫苑》中
记录其所见《刑部例案》中道光初年浙江慈溪县冤狱，有民女
名阿猫。查《清实录·嘉庆朝实录》，有民人陈思美故杀侄女
陈阿猫一案，又有吴氏之女阿猫为母报仇案。刘璈《巡台退思
录》中提到处理的一位犯人叫张阿猫。李桓《清耆献类征选编》
中提到一位盗贼叫郑阿猫。清方成培的曲文《雷峰塔》中有个

明　孙克弘《耄耋图》

角色也叫阿猫，清许仲元《三异笔谈》中也提到一位叫陈涌金的药材商人，长子早逝，孙女名叫阿猫。在第一历史档案馆所藏的各类清代档案中，记录各位嫌犯或被害人的名称，含"猫"字者有数十个，如李猫仔、侯猫二、潘猫等。

俞宗本与《纳猫经》

我国现存第一部关于猫的专著，是元末明初俞宗本的《纳猫经》。俞宗本是吴郡（今江苏苏州）人，其著述多抄辑前人之作，有《种果疏》《种树书》《田家历》等。古人对其生平细节了解不多，清代人甚至以为他是唐代人，今人对其也缺少系统研究，提及其生平事迹往往语焉不详。这里对其生平略作考证。

俞宗本实际上就是俞贞木，初名桢，字叔元，后更名贞木，字有立，又署宗本，号立庵、洞庭外史。据陆心源编《三续疑年录》考证，其出生于元至顺二年（1331），卒于明建文三年（1401），享年七十一岁。据《七十二峰足征集》，其祖父俞琰，字玉吾，"家洞庭之西山。宝祐间，阮菊存、马性斋、王都中皆白首北面，称为石磵先生"。其父亲"俞仲温，字子玉，石磵之子。元时为平江路医学录"。俞氏家族富有藏书，始于俞仲温。俞仲温于至正十二年在采莲里买地筑石涧书隐，陈谦《石涧书隐记》说："仅得地二亩有余，是秋相旧址，筑屋若干楹，中祠先生像，前后列植以松竹果木，有井可绠，有圃可锄，通渠周流，而僧龛渔坞映带乎其右，旁舍之所联属，湾埼之所回互，石梁之所往来，烟庖水槛，迤逦缮葺，是则可舟可舆，可以觞，可以钓，书檠茶具、鼎篆之物亦且间设，环而视之，不知山林城府孰为远迩。用先生所自号者，榜曰石涧书隐，竟先志也。"到了俞贞木，又增筑咏春斋、端居室、盟鸥轩。《列朝诗传》云："国初南原俞氏、笠泽虞氏、庐山陈氏，书籍、金石之富，甲于海内。景、天以后，俊民秀才，汲古多藏，杜东原其尤也。"《天禄琳琅续编》著录的元刻本《童溪王先生易传》，有"'石碉书隐''俞贞木''立庵图书'三印"。据清末四大藏书家之一的陆心源《元椠周易集说跋》，陆家皕宋楼所藏元刻本《周易集说》有题跋"嗣男仲温命儿桢缮写。谨锓于读易楼"。《象传》后跋略同，惟改为"命儿桢、植"。这正是俞贞木家族旧藏。陆心源认为"玉吾无子，以仲温为嗣。桢、植为玉吾孙，皆有书名。擩染家学，手书上板，故能精美好此也"。如今国家图书馆藏南宋淳熙镇江府学刻公文纸印本《新定三礼图》，钤有"立盦图书""俞贞木"等印，是俞贞木旧藏。晚清《藏书纪事诗》题俞家藏书之诗云"石碉先生善言易，直探月窟蹑天根。古书充牣还传本，日短天寒老眼昏"。俞氏家族的藏书之富，为俞贞木辑录前人文字成书提供了便利。

俞氏家族累世研习《易经》，明王世贞在《吴中往哲像赞》中称俞贞木"受《易》于永嘉陈麟，旁读他经史，为古文辞"。俞贞木修身砥行，绩学能文，通经史，工古文辞。元末时他杜门隐居，钱谷《寄俞立庵》诗云"相望才一里，不到已多时。家似山中住，人非世上知。草深疑断路，水涨讶平池。枕簟竹林下，乘凉想最宜"。此诗又收入元末苏州人韩奕《韩山人集》续集卷四。《韩山人集》中尚有《寄俞立庵》七言律诗二首、《送别俞立庵》等诗，其中有"山人正合山中住，况有宽闲一亩宫""山人正合山中住，世外高情见主宾"等句，当是隐居时所赠之诗。俞贞木《寓仓山精舍》诗云："精舍仓山侧,缘涯曲路微。到池云弄影,入户月流辉。烟霭青萝屋,山围白板扉。松杉寒愈秀,猿鸟静相依。境胜忻神适,情忘与世违。莫为簪绂累,期与尔同归。"表现的也是隐居时期的情态。

明洪武初,"太守姚公最为重士,尝礼俞贞木于布衣之中,数数馈以薪米",以荐起知韶关乐昌。明初苏州人谢晋《兰庭集》中有《送俞立庵应湘府聘》一首:"鹤书远聘到岩阿,拜手幡然出薜萝。天接孤帆秋水阔,门开五柳夕阳多。吴云渐杳乡树边,湘水微生渚外波。此去贤王应待久,安车行旆莫蹉跎。"据《千顷堂书目》,其结局是"洪武初以荐知乐昌县,改都昌,建文时以劝太守姚善起兵,坐累死"。《吴县志》中的记载更加详细:"元季不仕。洪武初荐为乐昌知县,外艰服阕,补都昌县,以礼教民,翕然从化。寻丁母忧归乡,以亲族犯法累,免官。靖难初,劝善举兵,因逮赴京师卒。"

俞贞木善书画,著有《立庵集》。明朱谋垔在《书史会要续编》中谈及其用笔与结构时说:"善小楷,长于用笔,短于结构。"国家博物馆所藏著名的南宋刘松年(传)《中兴四将图卷》,拖尾就有俞氏洪武二十二年(1389)所题长跋一则。

俞贞木德行醇厚,对世事有独特的认识。明初苏州人王行的《半轩集》中,有《俞立庵像赞》一首:"气充然而色温,然是特其貌焉尔,峨其冠而博其带,岂徒容而已哉。至其读古人之书,不独究其言,修在己之行,非惟事其外,英妙之年,翱翔于中朝而不有其荣，迟暮之境，落寞于江湖而不易其志者，顾何人为相知？抑几人而能是乎！虽然，不事于外，讵自以为能，不有其荣，曷求知于世，此先生之所以为先生，而君子当尊而贵之也耶！"明都穆《都公谭纂》中说："乡先生俞贞木，尝作《厚薄铭》，言近而意切，深中今时之病。铭曰：'厚于淫祀，薄于祖宗；厚于妻子，薄于父母；厚于巫卜，薄于医药；厚于嫁女，薄于教子；厚于异端，薄于贤士；厚于夸诞，薄于信实；厚于屋室，薄于殡葬；厚于惧内，薄于畏法；厚于货财，薄于仁义；厚于责人，薄于责己；厚于祈福，薄于修德。'"

《纳猫经》保存在《居家必备》中，全文不过八十二字："凡买猫用斗桶等物以袋盛之，勿令人见，至家，计箸一根和猫置于桶内盛云。每过水沟缺处，将石置之，使不过家，从吉方归。取猫出，拜堂龟犬毕，将猫箸插于土堆上，使不在家撒屎，然后复床睡，勿令走出为法也。"

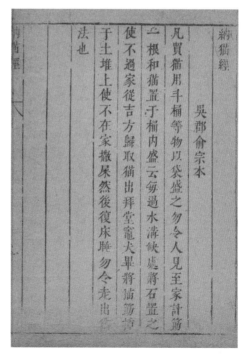

明刻本《居家必备》中的《纳猫经》

　　和《居家必备》所收入的俞氏的其他几种短篇作品一样，《纳猫经》也是整合前人相关文字而成，是对宋元以来纳猫风俗的总结。《纳猫经》后也附有《猫儿契式》，和宋元以来的纳猫契基本相同。

　　需要注意的是，《居家必备》是明代一本类似于家用百科全书的精编本，这类书籍都由书坊自行编辑，或邀请底层文人编撰，在编写过程中往往篡改伪造古人文字，或将一些自行抄袭拼凑的文字归入知名文人名下，以借助名人效应提高销量。虽然《纳猫经》署名俞宗本，但也不能排除书坊伪托的可能性。

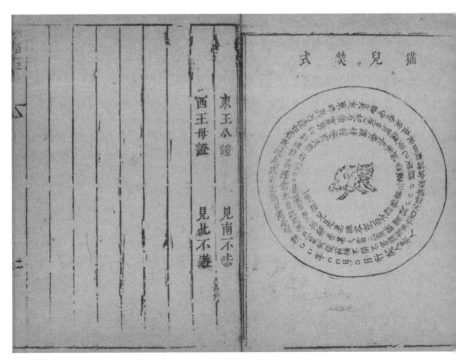

明刻本《居家必备》中的《纳猫经》所附《猫儿契式》

明代猫咪的最爱不是鱼?

上文提到，在明代皇室畜猫处所之一的乾明门，饲养猫儿的食材主要是猪肉和猪肝。在民间，富户们也有买熟猪蹄喂猫的习惯。相较于"买鱼穿柳聘衔蝉""鱼餐赏岂无"这样以鱼鳅为猫食的宋代，明代猫奴又开发出了许多新的喂养方案。

皇家养猫在饮食上消耗极大。《明孝宗实录》（卷七十五）载，弘治六年（1493），光禄寺卿胡恭等奏："本寺供应琐屑，费出无经。"这是因为"乾明门养猫十二只，日支猪肉四斤七两，肝一副"，以及虎豹、狗、羊、狐狸、鸽子、刺猬等动物。明代徐复祚《花当阁丛谈》中记载，还要经常派人"买熟豕蹄饲猫"。《涌幢小品》中也记载，"乾明门养猫十二只，日饲猪肉四斤七两，肝一副……此弘治初年事，正德中不知增几倍"，消费巨大，以至于嘉靖初年吏部给事中郑一鹏上《却贡献以光圣德疏》，进谏释放乾明门等处禽鸟虫蚁，但他的建议显然并没有被采纳。

从上述的材料来看，在当时的宫中，猪肉和猪肝已经成为宫猫喂养的主食标准之一。明代著名哲学家兼科学家方以智在他的《物理小识》中也说："狮子猫，炙猪肝与食，令毛氄润。"可见明人已经朴素地认识到了猪肝富含的铁元素对动物毛发具有很好的养护效果，从而将其作为一种日常营养补充品，喂养贵族富户们从古至今都普遍喜爱的狮子猫。

　　至于今天部分"铲屎官"十分推崇的生骨肉喂养，在明代也能寻到踪迹。明代风俗小说《金瓶梅》中曾写道："都说潘金莲房中养活的一只白狮子猫儿，浑身纯白，只额儿上带龟背一道黑，名唤'雪里送炭'，又名'雪狮子'……每日不吃牛肝干鱼，只吃生肉半斤，调养得十分肥壮，毛内可藏一鸡弹。"可谓极尽家猫喂养之奢华。《金瓶梅》虽然是一部虚构的世情小说，但其对明晚期社会的现实主义笔触描写，却是最真实的明晚期社会生活场景写照。

　　不过，明代猫的食谱上虽然新增了猪肉、猪肝、熟猪蹄、牛肝等一些新的动物蛋白，但鱼肉仍然是普通家庭养猫的基础食材。刘伯温《郁离子》中说"猫食鱼……性之所耽，不能绝也"，这也是明代社会的共同认知。在明代，鱼肉或者鱼肉拌饭是普通人家猫儿的基础吃食，有条件或者养了狮子猫的家庭，当然会采买猪肉、牛肉和具备特殊功效的猪肝作为猫儿的主食或者辅食。

明　商喜《写生图》

金华猫妖

到了明代，猫在笔记小品中的形象，仍然是爱憎分明、有恩报恩、有仇报仇的灵兽形象。相较于前代，这一时期笔记中的猫被故事讲述者细腻的笔触刻画得更显灵性，且更通人性。

报仇者，如周晖的《金陵琐事》中有一只为自己报了杀身未遂之仇的猫。金陵（今南京）华严寺曾有一位不修功德的酒肉和尚，为了对付寺庙的鼠患，他养了一只擅长捕鼠的猫。但此猫有个偷食的习惯，只要和尚私藏了鱼肉荤食，此猫就定能找到和尚的藏肉之所，然后偷吃殆尽。这让酒肉和尚怀恨在心。有一日，和尚终于忍无可忍，逮住了猫后，将它的四肢钉在木板上，扔到了寺庙前面的河中。被钉在板上的猫顺着河水一直漂到下游的静海寺，被一位卖鞋的和尚搭救，养在身边。一年后，酒肉和尚恰巧来到静海寺僧人处买鞋，猫认出了眼前的华严寺僧就是那个想弄死自己的前主人，便决计报复。它径直走到酒肉和尚边上，绕腿哀鸣。和尚抱起猫，一眼便看到了猫脚上的钉痕，便向静海寺僧打听猫的来历。就在二僧交谈过程中，酒肉和尚怀中的猫忽然趁其不备，一口咬住前主人的咽喉，酒肉和尚就此一命呜呼，猫儿报了杀身未遂之仇。

在《衔蝉小录》中也记载了一个类似的故事，说吴郡一位书生生性残暴，家里养了一只猫，本来很爱惜，后来因为猫偷吃食物，一怒之下就把它钉在木板上扔到河里。后来他考中进士，全家北上，在旅店休息，妻子抱着一岁多的婴儿玩耍，看到旅店一只猫长得就像当年自己家的猫。他捉起猫脚查看，猫大叫逃窜，爪子抓伤了旁边的婴儿，婴儿也哇哇大哭。旅店老板娘说，几年前乘船在苏州旅游，看到一只猫被钉在木板上，连忙解救了养在家里，一直非常温顺，不知道为何今天如此顽劣。书生的妻子听完便知道这是孽报，后来这婴儿竟因惊风之症早夭了。

上面这两个故事都是讲虐猫者所得孽报，类似主题的故事在宋代就已经出现，明清两代非常多见。例如明代郑仲夔《冷赏》中记载的一则故事，一位村农养了一只纯黑色的猫，有天猫在炉子边熟睡，村农用钳子夹住猫口，把融化了的锡水灌进去，煺下猫皮做了一顶帽子。过了几天，他忽然大喊"猫啮我喉"，最终因喉舌堵塞不能饮食而死。清代纪晓岚《阅微草堂笔记》中也载有福建一位夫人因为喜欢吃猫，每次吃猫都要将猫扔进石灰缸中，再倒进去开水烫死，这样可以快速脱毛，且猫肉洁白。为了满足口腹之欲，到处设网捕猫，后来病危时嘴中发出"喵喵"的叫声，折腾了十多天才痛苦死去。

猫的报恩故事也很多，我们在后文中会详细讨论。后来清人黄汉在其所撰的《猫苑》中也说，猫是群兽之中极具灵性的一种存在，"若猫于群兽，其灵诚有独异，盖虽鲜乾坤全德之美，亦具阴阳偏胜之气"，意思是，虽然猫还没有和人一样能得乾坤正气、备阴阳全德，但已经"具阴阳偏胜之气"。这位爱猫人士恨不得将猫的灵性提到人类之下、万物之上的高度。

在众多关于猫怪的记录中，始于明代的金华猫妖传说，影响深远，不仅在后代广泛传颂，还深刻影响到了日本等地的猫怪信仰。

明陆粲于《说听》中的"金华猫精"云："金华猫，畜之三年后，每于中宵蹲踞屋上，仰口对月，吸其精华，久而成怪。入深山幽谷，或佛殿文庙中为穴。朝伏匿，暮出魅人。逢妇则变美男，逢男则变美女。每至人家，先溺于水中，人饮之，则莫见其形。凡遇怪者，来时如梦，日久成疾。家人夜以青衣覆被上，迟明视之，若有毛，必潜约猎徒，牵数犬至家捕猫。剥皮炙肉以食病者，方愈。"金华一带的猫，养过三年之后，往往会在夜半时分蹲坐在屋顶之上，仰头张口对月，吸取月光精华，时间久了成为精怪，从此隐藏到深山幽谷或古寺文庙中居住。白天隐匿不出，晚上则变幻为人形来魅惑人，遇到女性就变成美男子，遇到男性就变成美女。它每到人家中，往往先尿在水源中，凡是喝过这种水的人，就都无法看到它。普通人凡是遇到这种精怪，都是感觉如梦如幻，日渐萎靡成疾。判断是否被猫怪魅惑的方法，是夜里用青衣盖在病人的被子上，早晨去看，如果发现了猫毛，便是猫怪了。应对的方法，就是要偷偷约好猎户，带上几头猎犬来家中捉猫怪，捉拿住之后，要把猫怪剥皮烤肉，给病人吃下，才能痊愈。

到了清代，这一说法更有发展。纳兰性德《渌水亭杂识》

中记载"金华人家忌畜纯白猫，能夜蹲瓦顶盗取月光，则成精为患也"。屈大均《广东新语》中记载有一种"绿郎红娘"：

> 广州女子年及笄，多有犯绿郎以死者，以师巫茅山法治之，多不效。盖由嫁失其时，情欲所感，致为鬼神侵侮。睽之象，兑女泽动而下，则见有豕负涂；离女火动而上，则见有鬼一车，此其征也。绿郎者，车中之鬼也。未得夫而张之弧，已得夫而说之弧。夫者雨也，遇雨则吉矣。又广州男子未娶，亦多有犯红娘以死。谚曰："女忌绿郎，男忌红娘。"皆谓命带绿郎、红娘者可治，出门而与绿郎、红娘遇者不可治，此甚妄也。咸之象，二少憧憧，则朋从其思。少女之思往，则绿郎之朋来；少男之思往，则红娘之朋来，皆婚姻不及其时所致。绿郎一曰过天绿郎，亦曰驸马。

袁枚在《子不语》中认为这"盖亦妖鬼，犹金华之猫魅"。

清代也发生过不少类似金华猫妖作祟的事件，《清稗类钞》中便记载了好几件。《野猫为祟》是说徽州地方有被野猫所祟的人，速或一年，缓则三载，身体虚弱，医药罔效，最终卧病不起，无一能够幸免于难。这猫怪到来的时候，恣情纵欲，各如其愿，投以所好，男女不论老幼，虽至弥留，心知之而口不欲言。夜卧后，常有毛蒙茸落于衾褥。殷富之家，恒集什伯人，坐室中，燃炬火，通宵不寐，亦偶有见其形者。而道光丙申年

（1836），阳春县修衙署，正在筑墙。一日，匠人还没有吃饭，有猫来，窃食其饭及羹。匠人大为生气，捕得猫，将其活活筑进墙腹而死。等竣工之后，衙署中人皆不安，儿童仆从经常病亡。因此找巫师占之，原来是猫鬼为祟，其老巢就在某方墙中。于是拆墙，果得死猫。于是用巫者言，奠以香锭，远葬荒野，从此以后合署泰然。道光丙午（1846）夏秋间，浙之杭、绍、宁、台一带，传有物作祟，称为"三脚猫"。每日薄暮，有腥风一阵，顿时觉得有物入人家以魅人。于是每家每户各悬锣于室，等到风至，便奋力鸣击。怪畏锣声，就会遁走，这样好几个月猫妖才绝迹。袁枚《子不语》中也有一个故事，说靖江张氏有一位美婢，有绿眼人来调戏过她。每次发生关系时，都感觉对方下体如刺，痛不可忍。张氏疑为猫怪，广求符术，都不能制之，后来天雷震死一猫，其大如驴。

　　在清代，浙江的宁波一带流传着猫能拜月成妖的说法，所以鄞人养猫，"一见拜月即杀之，恐其成妖魔人"。《猫苑》的作者黄汉也记载自己祖父所述："家猫失养，则成野猫，野猫不死，久而能成精怪。"明代金华猫妖故事逐渐变成民间的普遍认识。

　　金华猫妖的故事也有原型，实际上就是南宋时期的猫魈。《夷坚支志》（丁卷第八）中记载：

　　　　临安丰乐桥侧，开机坊周五家，有女颇美姿容。尝闻市外卖花声，出户视之，花鲜妍艳丽，非常时所见者，比乃多与直，悉买之，遍插于房栊间。往来谛玩，目不暂释。自是若有所迷，昼眠则终日不寤，夜坐则达旦忘寝。每到晚，必洗妆再饰，更衣一新，中夜昵昵，如与人语。父母以为怪，密邀行法者至。女略不动色，殊无惧意。有鬻面人羽老者，居候潮门外。周邂逅相遇，羽问之曰："或言君家有祟，不可治，信乎？"周曰："然。吾甚苦之，无以御也。"因具告其故。羽曰："此猫魅也，明日当奉为行诛。"至期，周备酒殽香楮延致。羽布气步罡，少时女已振恐。羽运法剑斩其，女不觉，而入房熟睡。数刻起，神宇豁然。问其向者所见，女曰："才黄昏后，一少年状貌奇伟，著裘乘马而来，两绛蜡导前，笙箫随后。凡饮食所须，应声即办。讴吟笑语，与人不殊，今绝矣。"经数旬，女感疾若妊娠者。复召羽，书符使吞之，自是一切复常。

　　明清时期，人们还想象边疆地区的一些少数民族有变换为猫的神奇本领。《衔蝉小录》引《述异记》中说有位土司可以变成老虎、驴和猫，每当他变成老虎的日子，当地百姓都闭门不出，若从窗户偷看，就会发现一只老虎向野外奔驰而去，第二天又变为人返还。在他变为驴的日子，人们在道路上准备草料，任他饱食。而他变成猫的日子，则不过是到人家偷肉吃而已，很快就会变回人形。这类记载数量不少。再如明代朱孟震

《西南夷风土记》中说西南有一种邪术叫"卜思鬼",如果"妇人习之。夜化为猫犬窃人家,遇有病者,或舐其手足,或嗅其口鼻,则摄其肉,唾于水中,化为水虾,取而货之"。清代陈鼎《滇程日记》中说"苗人能变牛马猫犬等形,夜入人家"。陈鼎的《滇游记》中又说宾州妇女"或变猫、或变羊、鸡、鸭、牛、马、象",遇到落单的客商,往往会杀人夺货。清王士禛《居易录》也说"僰彝近水居,能变牛马猫犬鹰雀等形,夜入人家"。《衔蝉小录》引《月仙丛谈》中说"广南中夷人多能变为犬猫",明代王士性《广志绎·西南诸省》中也说:"广南守为侬智高之后,其地多毒善瘴,流官不敢入,亦不得入。其部下土民有幻术,能变猫狗毒骗人,往往爰书中见之。然止以小事惑人,若用之大敌偷营劫寨,未能也。有自变亦有能变他人者。此幻术迤西彝方最多。"这种人变猫犬等动物的传闻,显然是对当地民俗的以讹传讹。

猫魁和金华猫妖的故事流传到日本,也影响了日本的"猫又"传说。猫又也叫猫股,意即猫怪,往往是一种有着两条尾巴的黑猫形象。藤原定家的《明月记》中记载:天福元年(1233)八月在奈良有猫股,目若猫睛,体如巨犬。一晚上咬了八人,还有人被咬死。《古今著闻集》(1254)记载观教法印的话,说在嵯峨山庄饲养的美丽的唐猫,实际上是魔物,叼着秘藏的守刀逃走,不知去向。《徒然草》(1331年前后)记载,山中有怪名为猫股,喜食人。饲猫多年,猫便魔化为猫股。这和

歌川国芳《日本驮右卫门猫之古事》

金华猫妖的记载如出一辙。日本人认为，一般的猫又都是十岁以上的老猫，最明显的特征是两尾分叉成两股，分叉的明显程度和猫又的妖力大小相关，妖力越大分叉也就越显而易见。最厉害的猫又，是纯粹的两尾猫。

落合芳几《当世见立忠臣藏》

清

猫奴辈出的年代

清代有关猫的文献典籍，和历朝相比更为浩瀚。尤其是在为猫著书立说这件事情上，清人可谓是集前人之大成。清人所著且保存至今的猫书有四种。按照它们的刊印出版年代，分别是沈清瑞的《相猫经》、王初桐的《猫乘》、孙荪意的《衔蝉小录》和黄汉的《猫苑》。作者们博览群书，将历代文献资料中关于猫的音义、笔记趣事、百科知识、诗词文章等内容分门别类，整理成专著，供后世爱猫之人查阅、考究。结合这些以猫为主题的谱录类图书的出现，我们也可以借此盘点古代家猫的品种，了解古人如何品鉴猫，以及古人如何为猫取名字。

清代小说文学艺术兴盛，我们在众多的笔记小说中也发现了许多并未见之于前代的猫故事。猫说人话的笔记在这个时代大量涌现，仿佛成了文字狱背景下文人的"互联网嘴替"。猫的报恩故事始于明代，在清代记载尤多，这或许代表着人和猫情感的又一次升华。而关于猫的笑话，在清代也广泛涌现，我们可以从这样一个独特的视角去理解中国猫文化。西方人来华游记中关于中国猫的记录，则又提供了另一个观察古人和猫之间关系的视角。从保存在海外的外销画中，我们可以看到市井生活中卖猫人的真实图像。

相声这种艺术形式在清代非常兴盛，学猫叫是当时流行的表演，甚至出现了被称为"猫儿"的著名艺术家。

那些为猫写书的学者们

古代流行谱录，但清代学者王初桐认为，直到自己所在的嘉庆朝以前，为猫写作专书这件事还是学术史上的空白。

早在先秦两汉，相畜类的专门著作就已经产生了。西汉刘向所著《汉书·艺文志》的"形法类"中就有《相六畜》三十八卷。这部分相畜书大多为春秋战国时期相畜专著的集合，如今俱已亡佚。所谓六畜，泛指家畜。成书于同时期的《周礼》《左传》等均有"六畜"之说。《左传·召公二十五年》"六畜"条目下，魏晋时期经学家杜预注释为"马、牛、羊、鸡、犬、豕"六种。这些有助于农业生产和家庭生活的家畜们，早已有了自己的专属书目。《隋书·经籍志》还记录了《淮南八公相鹄经》《浮丘公相鹤经》《相鸭经》《相鹅经》等禽鸟类专著。唐代以后，各类动物的专书更是层出不穷。

以明代为例，专论鸟的书有蒋德璟《鹤经》、赵世显《凤谈》、张万钟《鸽经》，专论兽的有王穉登《虎苑》、陈继儒《虎荟》、黄省曾《兽经》《相马经》《相贝经》《相鹤经》《质龟经》、郭子章《秕衣生马记》、李翰《名马记》、李承勋《续名马记》，专论虫的有袁宏道《促织志》、刘侗《促织志》、徐氏《蜂经疏》、谭贞默《谭子雕虫》、佚名《促织谱》、穆希文《蟫史集》、沈弘正《虫天志》，专论鱼的书最多，有杨慎《异鱼图赞》、黄省曾《养鱼经》、屠本畯《闽中海错疏》《海味索隐》、张谦德《朱砂鱼谱》、胡世安《异鱼图赞笺》《异鱼图赞补》、屠隆《金鱼品》、顾起元《鱼品》、张如兰《海味十六品》、林日瑞《渔书》、姜准《海族谱》、丁雄飞《蟹谱》等。虽然明代出现了署名俞宗本的《纳猫经》，算是第一本关于猫的专著，但仅有八十余字，讨论的内容也仅限于纳猫。真正关于猫的谱录类著作的空缺，有待于清代人加以完善。

沈清瑞《相猫经》

宋元类书中都有纳猫和相猫的简要介绍，元代宋鲁珍等编《类编历法通书大全》、明代邝王番《便民图纂》都有"相猫法"的内容。在乾隆年间，终于有人总结古代日用类书中的内容，结合自己的观察，编辑了一部现存正文不到两百字的《相猫经》，这是现存最早的家猫鉴定专著。

这部《相猫经》的作者是沈清瑞，其生平和著作情况，见于石韫玉《独学庐稿》二稿卷中《沈氏群峰集序》，其中提到"芷生少余两岁，余弟视芷生"。石韫玉出生于乾隆二十一年（1756），则沈清瑞生于乾隆二十三年（1758）。石韫玉还提到沈清瑞去世六年后，他在嘉庆元年（1796）搜集其诗文刻印文集，则其去世在乾隆五十六年（1791），享年仅三十四岁。根据石韫玉的描述，沈清瑞，字芷生，是"乾隆癸卯（1783）乡举第一名，丁未（1787）进士，吴郡长洲人"。沈清瑞从小表现出极强的读书和记忆天赋，对古代典故多有记忆，被誉为是博学鸿词科的小进士："芷生夙慧，读书强记，凡古人隐辞僻事，先生长者所遗忘，芷生辄能道其原委，故一时有小鸿博之誉。稍长，与当世缀文之士角逐艺林。其时吴下坛坫正盛，英辞妙墨，蝟荟林立。芷生承父兄之绪，妍词秘旨一出，而凌其侪偶。"他的作品数量很多，除了诗二卷、赋一卷、词一卷、《奇耦文合》一卷、《外集词曲》一卷等被石韫玉整理编订为《沈氏群峰集》，又有《韩诗故》二卷，别为一集。此外还有《帝王世本》《春秋世系考》《史记补注》《孟子逸语》等书，在生前都没有完全写成。石韫玉还说沈清瑞的其他作品，"若其诗文，则余所知而亡轶者尚多，观此亦可以知其余矣。芷生文翰，有目者共赏，故不具论"，这篇篇幅短小的《相猫经》，便被列在他的名下，题为"长洲沈清瑞芷生"，附录在《猫苑》之后而得以流传至今。下面是这篇短文的全文：

　　猫，鼠将也。面，圆者虎威，面长者鸡绝种。口，九坎者能四季捕鼠，乌喙者亚之，俗曰食鼠痕。体，短则警，修者弗奋也。声，阚则猛，雌者弗跷也。目，金光者不睡，绝有力；善闭者性驯。尾，修者懒，短者劲，委而下垂者贪，独不嗜鼠。耳，薄者畏寒，尖而耸者健跃，是绝鼠。戟鬣善动，靡鬣善鸣。善搏者锯齿。脚长者能疾走，脚短者跳唦，前短后长者骜。露爪者覆缶翻瓦，距铁而毛斑者狸，是曰鼠虎。

《相猫经》从面、口、体、声、目、尾、耳、鬣、脚、爪等方面对猫的特征进行总结，面部圆头圆脑则有虎威，面部尖长，则会偷偷捕杀家鸡，正如宋元人所说的"面长鸡绝种"。口有九坎，则能够四季捕鼠。宋元时的通书、类书中，就有"口中三坎者捉一季，五坎者捉二季，七坎者捉三季，九坎者捉四季"的说法，坎就是猫嘴上腭的横条，如果有三根横条，一年会有一季三个月捉鼠；要是有五根横条，一年会有两季六个月捉鼠；七根横条，就会有三季九个月捉鼠，九根横条就会一年十二个月都辛勤工作。如果猫嘴像鸟嘴，则要再次一等。这种叫"食鼠痕"。猫的身体以短为佳，这样的猫比较机警，要是身体过长，则会不够勤奋。宋元时期就有"猫儿身短最为良"的看法。声音要响亮凶猛，如果比较绵柔，在捕鼠时便不够骁勇。猫的眼睛要是金光闪闪，往往不贪睡，很有力量，而善于闭眼睛的猫则更为温顺。尾巴长的猫往往性格比较懒，尾巴短的猫有劲力，尾巴委顿下垂的猫，往往性格贪婪，而且独独不愿抓老鼠。宋元人也有"尾大懒如蛇"的观点。猫的耳朵太薄，就会畏惧寒冷。如果耳朵尖而耸，则跳跃能力很强，最善于捕鼠。颈上生长的又长又密的鬃毛，如果张开如戟，则猫的性格好动，如果没有鬃毛，则往往叫声很大。锯齿的猫往往善于搏斗。猫如果脚长就善于疾走，如果脚短就会上下跳跃，如果前脚短后脚长，则性格往往非常凶横。有露爪的常常翻盆掀瓦，距为黑色而毛色带斑纹的，叫"鼠虎"。

　　这篇《相猫经》实际上是对宋元以来流传的相猫方法的整

理，文前有沈清瑞的一篇短序，介绍了写作此文的背景："古者，浮邱公有《相鹤经》，宁戚有《相牛经》。孙阳、陈君夫相马，朱仲相贝，并模象遣辞，肖形诂义。奥闻不堕，瑰异可稽。淹雅之长，于是乎在。猫，毛族之纤兽也。其为物，咏于《诗》，载于戴《记》，详纪于《埤雅》诸书。而别传有相猫法数语，予以为未尽，爰证以旧籍，错以鄙谚，复间取臆说参之，作《相猫经》一篇。匪以侈博，备说云尔。"沈清瑞是根据宋元以来通书、日用类书之类的书籍中记载的相猫法，结合其他典籍的相关记载，加上民间谚语，结合自己的观察理解，整理成这篇文字的。

当然，古代书坊编刻的类书中的一些文章，往往署名名人以求流传。和明代的《纳猫经》署名俞宗本未必可信一样，这篇附录在《猫苑》后的《相猫经》，虽然落款为沈清瑞，也未必真是出自他的手笔。在《猫苑》一书正文所引用的《相猫经》，文词与之也有一些出入，但都是根据宋元明以来的通书、民谣之类编成的。

王初桐《猫乘》

《相猫经》篇幅很短，严格意义上第一本关于猫的谱牒类著作是"平生别无嗜，惟有好著书"的嘉定名士王初桐（1729—1821）所著的《猫乘》。

在书前小引中，他认为："猫之见于经史者寥寥数事而已，其余则杂出于传记百家之书。"在大量阅读和校勘浩如烟海的文献典籍之余，王初桐顺手摘抄辑录了自先秦以来和猫有关的各种文字叙述，所谓"抄胥采录，积久成帙，削繁去冗，分门析类"，将经史子集、传记和百家之书中能够寻到的材料，分门别类编为八卷。嘉庆三年（1798）冬日，王初桐的《猫乘》终于问世，填补了门类空白。王初桐自己刻了这部书，最早的自刻本现藏南京图书馆等地，是其所刻的《古香堂丛书》中的一种。

这里的"乘"是"史籍"的意思，《猫乘》在作者的定义里，是一部关于猫的著述史。或许是受到了前代文字狱的影响，在《猫乘》付梓印刷的时候，他特地交代了这本书"无关大道"，自己的写作也并非是为了讽刺或者讥世："或以余为有为而作，如李胜之、张明善之讥世，夫讥世则非敢然，然有不胜其自悔而自伤者焉。"这句话若是翻译成现在的语言，大意就是，讥世是不敢讥世的，这辈子都不敢讥世的，就是写着玩。

王初桐一生著书六十多种，涉及门类极为广泛，可谓著作等身。其中"无关大道"的著述不在少数，除《猫乘》之外，还有《蝶谱》九卷、《金鱼谱》一卷、《灌园漫笔》七卷这样种花养鱼、撸猫观虫的自然类杂学著作，其中《灌园漫笔》的手稿收藏在上海图书馆。当然，作为一名正经的学者，他也有《五雅蛾术》一百六十卷、《资治通鉴考证》一卷、《续资治通鉴长编考证》一卷、《水经注补正》一卷、《鲁齐韩诗谱》、《尔雅郑樵注纠谬》一卷、《夏小正正讹》一卷、《开化礼正讹》四卷、《开元占经正讹》十二卷等精于考证之学的著作，国家图书馆藏有其《演雅》四十二卷的稿本。他还善于编写地方志，编有《寿光县志》二十卷、《方泰志》三卷、《嘉定县志》二十四卷。此外，他还有《倚声权舆录》二十卷、《选声集》二卷、《宋词纪事》四十卷、《词的》、《杏花村琴趣》一卷、《杯湖欸乃》三卷、《乐府指迷》一卷、《小琅嬛词语》三卷、《百花吟》一卷等"别有趣尚"的词学作品。他还编过《奁史》一百卷，有《罍垒山人词集》一卷、《红梨翠竹山房词》二卷、《小长芦钓鱼师词》三卷、《红豆痴侬绝妙词》三卷等词集和《考磐诗抄》等诗集。

我们如今说他是穷而后工、发愤著书，亦未尝不可。至于他所经历的"穷"、需要抒发的"愤"，还要从他的一个别号"红豆痴侬"说起。

王初桐一生著述丰富，字号、室号也有很多，如赓仲、耿仲、无言、竹所、思玄、古香堂、杏花村、羹天阁、罍垒山人、红梨翠竹山房等。而其中最为人所津津乐道的，则是一个叫作"红豆痴侬"的自号。这个"侬"的所指之人，也多次出现在他的诗词中。这个人叫"六娘"。毛大瀛所著的《戏鸥居词话》中有一篇《王竹所寄怀六娘词》，讲述的正是这位嘉定名士与风尘六娘之间的前尘往事。

六娘原是嘉定地区名家之女，出嫁后因夫婿"狂荡无检，家产奁资，挥霍净尽"，被迫卖身娼家。六娘不甘就此堕落风尘，努力替自己获得了赎身的机会后，就居住在槎水，她"卖珠补屋，种竹浇花，幽窗曲几之下，熏炉茗碗间，静若书生"。六娘心悦于王初桐，欲"委身而不得"，就作了一幅自画像，并题"天寒翠袖薄，日暮倚修竹"两句补景，赠予了王初桐。初桐亦有意于六娘，在画上署以"绝代佳人"四字。

王初桐所作的诗词中，多有"寄六娘""别六娘""怀六娘"的作品，《戏鸥居词话》说他"寄怀之词甚多，不及备载"：

如《虞美人影·山塘舟次对雨缅怀六娘》：

> 雁烟蛮雨秋娘渡，客梦欲归无路。数处断歌零舞，灯火山塘处。新词谱就凭谁度。空忆旧家眉妩。分付夜潮流去，直到消魂浦。

又《白苹香·别六娘》：

> 歌罢云分雨散，酒醒月黑风多。销魂无奈别离何，不是不曾真个。宿粉未消衣袂，余香犹在巾罗。橹声咿扎满烟波，一夜拥衾愁坐。

又《浪淘沙令·小重阳石湖望月有怀六娘》：

> 落日水微澜，雁齿弯环。酒船去后月华闲。回首楞伽

云外寺，塔火阑珊。吟罢独凭阑，归路漫漫，小莲音信渺乡关。安得相携乘一舸，游偏湖山。

据《戏鸥居词话》的记载，我们仿佛看到了"相思相望不相亲"的一双人。王初桐为何不能娶这位已经从风尘中走出来的六娘，我们不得而知。坊间还传说，王初桐与六娘曾是青梅竹马，相邻而居。六娘系出名门，六娘的父母嫌弃王初桐家境平平、屡试不中，而将六娘嫁给了一个当时看来门当户对的儿郎，这才有了后面夫婿败家、六娘堕娼的故事。这段未经验证的前情提要，为二人的经历平添了几分无奈和悲凉。

而出走他乡以博功名的王初桐，也一直到乾隆四十一年（1776）特开恩科，才获二等功名，授四库馆誊录。此时的王初桐已经快到了知天命的年纪。那些关于花鸟虫鱼的喜好和丰富的著述涉猎，大概也是王初桐在这段官场与情场都不甚顺遂的人生旅途中重要的心灵慰藉和情感寄托。

孙荪意《衔蝉小录》

在王初桐的《猫乘》问世后一年，一名十七岁的孙姓大家闺秀也为自己的猫主题著作《衔蝉小录》写下了自序。这位孙家女就是嘉庆时期浙江仁和（今属杭州）的女诗人孙荪意。

孙荪意，字秀芬，一字苕玉，出自杭州医学之家，其父孙震元精通《素问》《难经》之学，还撰有医学著作《天神征略》《医鉴全撄小录》《疡科会粹》等。孙荪意除了《衔蝉小录》之外，还著有《贻砚斋诗稿》四卷、《衍波词》两卷。

《衔蝉小录》虽是孙荪意十七岁时编成的，但体例精当，搜罗较为丰富，共分为八卷，卷一为纪原、名类，卷二为征验，卷三为事典，卷四为神异、果报，卷五为托喻、别录，卷六为艺文，卷七为诗，卷八为词、诗话、散藻、集对。曹斯栋为此书所写的序中，称赞"阅之而赏其搜罗之富、体裁之善也"。此书的得名缘由，在于孙家藏有五代宋初大画家黄荃的《子母衔蝉图》真迹。黄荃与猫画的细节，可以参考前文"唐宋猫画"一节。

从《衔蝉小录》中辑录的内容来看，孙氏一族至少是三代养猫之家。孙荪意的祖父孙骥有《猫捕鼠》一首，收在《衔蝉小录》卷七，其中"狸奴真解事，旁睨怒张目""一吼神初摄，欲遁已瀫觫。再吼肝胆堕，伏身任相扑"几句，将猫儿扑鼠的神威和鼠见猫时的失魂之态尽付诸笔端。其父孙震元也有《失猫》二首和《乞猫》诗，被爱女一并收录在《衔蝉小录》中。其中，《失猫》（其一）所写的内容，也是孙家共同的记忆。

昨宵失却小於菟，儿女楼头汁汁呼。

莫是邻家结同队，锦裯榻畔戏氍毹。

孙父在诗里说，自己家的猫儿昨晚走失了，一家儿女上上下下喊猫寻猫。不知道是为了安慰孩子还是安慰自己，孙父想着猫儿莫不是去了邻家，正在邻家的锦榻毛毯上嬉戏呢。

不过，孙家最终也未能寻回走丢的猫儿，倒是唤醒了家中狡黠的鼠辈，孙父在《乞猫》中又写下"夜来黠鼠知猫去，倒箧窥檠啮架书"的诗句。无奈之下，孙家只好又聘来一只威猛似虎的新猫，所谓"聘得衔蝉威似虎，莫嫌弹铗食无鱼"。

祖辈与父辈都是资深的猫奴，孙荪意的兄长孙锡麟（号云壑）也不能例外。孙云壑曾被一位叫作高澜的亲友，赠予过一只珍贵的洋白猫。这位赠猫者高澜，也有一首《家有洋白猫持赠孙云壑并系以诗》，被孙荪意收录在《衔蝉小录》的卷七，全诗如下：

> 雪色狸奴玉不如，前身疑是老蟾蜍。
> 种分崎岛三千里，寄护牙签十万书。
> 漫索晶盐才聘去，试眠花毯趁晴初。
> 只愁午罢生谗吻，要破悭囊日市鱼。

据高澜诗中的描述，这只洋白猫不仅是猫中"神仙"，还是一个异域品种。小诗开篇就说它"雪色狸奴玉不如，前身疑是老蟾蜍"，这里的老蟾蜍指代月亮，洋白猫如同月仙下凡。颔联说猫儿的出生地在日本，诗中称日本为"崎岛"，猫儿漂洋过海来到杭州仁和，也是相当不容易了。于是作者戏称，自己要了孙云鋆许多上等的晶盐才让他把猫聘去，是为"漫索晶盐才聘去"。诗歌说到这里不难看出，孙云鋆为了聘猫已经花了不少钱，而豢养此猫更是需要每天喂鱼，破费颇多，是为"要破悭囊日市鱼"。可见孙家养猫成癖，直追唐代猫痴张搏。就连孙荪意在自己的诗里也写道："余亦坐此癖，张搏绝相似。"

后来，这位养了洋白猫的兄长，不仅为小妹的《衔蝉小录》作跋，还为小妹代为求取当时著名学者洪亮吉作序，就连《衔蝉小录》后来能够顺利地整理刊印，也都要归功于他。

可见，孙荪意成长于一个人人爱猫、父慈兄爱的书香门第，童年时期备受家人的关爱，而父兄对她在文墨诗词上的鼓励，也终于成就了一位既能挥毫作"戎装结束慷慨行，万里驱驰入沙漠""英雄何必皆男儿，须眉纷纷徒尔为"（《孝烈将军歌》）这样豪迈之语，又能提笔为"僧闲钟梵寂，日薄树阴肥。不觉轻云过，破空山欲飞"（《冷泉亭》）"坐令攫此峰，飞入苍冥里""回头不见山，模糊但水云"（《仙岩洞遇雨而归》）这样清雅之词的清朝高知女性。《说苑珍闻》记载"孙苕玉荪意赋《夕阳诗》，得'流水沓然去，乱山相向愁'十字，为时绝唱"。说明她的文学造诣，得到当时普遍认可。

结束了自己在仁和孙家的闺门生活后，孙荪意嫁给了远在钱塘江南岸的萧山名士高颖楼。孙荪意的丈夫高颖楼，据《两浙辑轩续录·清画家诗史》记载，为萧山人，姓高名第，字云

清 汤禄名《圆窗仕女耄耋图》扇面

士，号颖楼，"善书、画，工诗"，"阮元、洪亮吉并激赏之"。婚后生活顺遂，夫妻和睦，悠游唱和。清代另一位为猫作书的文人黄汉在其著作《猫苑》中说："高太夫人系颖楼先生正室，小楼观察之母也。为浙中闺秀，颇好猫，尝搜猫典，著有《衔蝉小录》，行于世。"

孙荪意婚后，夫妇二人常有携游山水的闲情逸致。据《衔蝉小录》跋，二人"闺庭之内，交相倡和，自为师友，致足乐也"，"在越时每一出游，疏帘画舫，荡漾于湖光岛翠间，人望之若仙"。后来，高颖楼的诗文集《额粉庵集》，也在嘉庆二十九年与妻孙荪意的《贻砚斋诗稿》《衍波词》合刻，清代吴江诗人郭麟（又号白眉生）曾有一首《洞仙歌·题高颖楼孙秀芬额粉庵联吟卷》，开篇一句"有情天上，住一双珍偶"赞许了二人的伉俪情深。

　　不过，即便是这样一对神仙眷侣，也曾因为孙荪意的爱猫之癖，发生过矛盾和争执。孙荪意过门后不久，这位颇有洁癖的雅士，就因为无法忍受家中有猫后带来的一系列混乱，而将夫人的爱猫逐出了家门。孙荪意十分痛心惋惜，但已经嫁作人妇的她，只能"作诗戏之"。

　　在《所爱猫为颖楼逐去作诗戏之》一篇中，孙荪意从"狸奴虽小畜，首载自三礼""祭与八蜡迎，圣人所不废"等猫在圣贤礼仪中的地位说起，并列举了古今诸多名人对猫痴迷的典故，如"立冢标霜眉"的明嘉靖帝、"哦诗称粉鼻"的陆游、工于鸟兽工笔写生的五代画家黄荃、写下《猫相乳说》的韩愈等等，来阐述"乃知爱猫心，无贵贱钜细"的观点。

　　也是在这首诗里，孙荪意明言自己的爱猫之癖，与唐代那位养了许多名贵猫儿的张抟极其相似。但孙荪意也坚持认为，自己对猫的这番喜爱之情，与当年隐居修行却养了许多骏马的支道林，以及爱养鹅的王羲之可以相媲美——支道林养马并不为乘放，而是爱其神骏之姿；而王羲之则从观察鹅的身姿、步伐和行列行动过程中，得悟书法的真谛。反观自己，也因为畜猫爱猫，而"著书盈简编，颇自矜奇秘"，写出了《衔蝉小录》这一部专书。最后落笔动之以情，她觉得丈夫逐猫的行为就好比"当门锄兰草，颇伤美人意"。

　　但高颖楼一向喜欢宁静，实在无法欣赏妻子对猫的痴爱，他在后来的《憎猫诗答苕玉作》中，也丝毫没有做出让步，依然高举撵猫大旗，连篇累牍地数落了许多条猫儿的"罪状"：

"蠹图或褫书，倒瓮或翻罂"——猫儿不仅咬坏了自己所收藏的画作和书籍，还会翻罂倒瓮，把家里弄得十分不堪。

"黠鼠或同眠，邻鸡或遭殃"——这只猫儿不仅不捕鼠，有时候还会偷邻家的鸡。

"一朝佳客至，每叹食无鱼"——家中的好鱼都让妻子喂了猫，有客人来了只能"望鱼兴叹"。

"况复彻夜号，咆哮胡太逼"——猫儿彻夜嚎叫，委实让原本是"静者流""寒灯勤著述"的自己无法忍受。

此外，猫儿还常有"趁暖入床帏，乘虚踞枕席"的行为，自己根本无从制止，只能任凭猫儿将床铺搞得一团狼藉，实在忍无可忍。

至于妻子在诗中说自己有张搏之癖，他更是针锋相对地质问妻子："子独何为者，而乃好成癖？"

三代爱猫之家富养的闺女，和爱整洁、好清静的名士之间终是形成了不可调和的矛盾。二人关于"逐猫"事件的记载，也在高颖楼唱和以后，再无后续。故事的最后，孙荪意的猫，大约最终还是被驱逐了出去。家庭生活总需要磨合，爱猫被逐大概也成了孙荪意婚后最大的妥协。

嘉庆二十三年（1818），年仅三十七岁的孙荪意因病去世。据孙云鹜描述，高颖楼在壮年时期的辞世让孙荪意对生活"索然兴尽"。又因孙荪意"少故多病，体极羸弱"，于当年三月"遽遭危疾以殁"。而这本《衔蝉小录》虽则早已成书，孙荪意本人也早在二十年前就写好了自序，却一直没有刊印。孙云鹤爱惜小妹才华，于是自杭州仁和启程，渡过钱塘江来到高家，叮嘱高家子嗣一定要将《衔蝉小录》整理刊印，"慰尔幽灵无别事，为刊遗稿嘱甥舅"。《衔蝉小录》现存的刊本是嘉庆二十四年高棻等所刻，也被著录为仁和孙氏刻本或仁和孙锡麟刻本，其版本形态为十一行二十二字，白口，左右双边。在国家图书馆、上海图书馆、南京图书馆、天津图书馆、天一阁、安徽图书馆等处均有收藏。

　　《衔蝉小录》在当时的影响不能算大，几十年后的咸丰年间，另一部关于猫的专著《猫苑》问世时，其作者黄汉就称："惜此《衔蝉小录》一时觅购弗获，无从采厥绪余。"

黄汉《猫苑》

　　清代的第四部猫书，就是黄汉所著《猫苑》。黄汉，字秋明，号鹤楼，自号小若山人，浙江永嘉（今温州）人，也是温州地方志的完善者。黄汉自称爱猫成痴，在《猫苑》自序中，他以"人莫不有好，我独爱吾猫"自诩。与前面几位作者稍有不同的是，黄汉一生落魄无偶，《猫苑》（序二）说他常"以不获用世展志为憾"，但"其济人利物之念时时不忘"，《温州市志》也记载其生平"屡试不取，家贫不能自存，被迫游幕四方"，尝客居闽南、广东等地，"始经大庚之城，续到淮安之

清　佚名《雍正十二美人图》（局部）

地，客南闽者半载，留东粤者四年"。

这本《猫苑》就是黄汉在时任潮州太守吴云帆手下做幕僚时所辑。除了广收经史子集及汇书说部中与猫相关的条文典故、笔记传说、诗词品藻之外，黄汉也收录了许多"猫友"的议论品评，因此书中也对温州和粤地的猫俗猫事多有侧重和记录。不过，这些"猫友"的贡献虽然丰富了书中与猫相关的风俗和文献内容，但对于严谨治学的研究者来说，也有一家之言和道听途说之嫌。《猫苑》最早的刻本是咸丰二年瓮云草堂刻本，在国家图书馆、南京图书馆等处都有收藏。

除了落魄书生、猫书作者这些身份之外，黄汉也是一个铁骨铮铮的爱国文人。时值鸦片战争前后，寓居广东的黄汉愤而写下《夷氛》诗十七首，痛斥侵略的英军"蹂躏百千里"，以"筹策真帖妥""广人骋忠愤，旗鼓腾风烟"的爱国深情声援林则徐虎门硝烟的壮举。

清宫里的御猫

由明入清以后，紫禁城里宫猫的地位虽不复有明一代的盛况，但养猫仍旧是清代后宫的一种时尚。进关后的满清贵族也没能逃脱得了这些"御前带爪侍卫"的攻击。清宫里设有专门豢养宠物的机构和人员，如鹰房、鹿苑、养牲处、内外养狗处，清代不同帝王对宠物的爱好也各不相同，例如雍正爱狗，乾隆爱狗和鸟，而后宫嫔妃，则往往爱猫。

乾隆帝是中国历史上写诗最多的人，一生写了43630首诗，其中便有不少关于猫的作品。如其《猫》云："《左传》称六畜，讫未其名厕。君子有事迎，却实见《礼记》。《礼记》义何宗，食鼠佐农功。张汤虽老吏，薰穴终难空。难空冀北群，飞兔与麒麟。不如跛之技，寸长尺短分。短分苏氏骂，捕鸡则堪讶。二徐记细故，亦何关治化。"《题姚公绶秋英驯猫图》云："秋卉秋花滟露滋，一峰文石卧驯狸。不因无鼠养不捕，玉局深言致可思。"《瓷猫》云："动物何来埏埴成，官窑不辨宋和明。笑中正自疑义府，指处真堪讽蔡京。陶犬瓦鸡恰宜伴，盆鱼壁鼠漫须惊。置于燥色牡丹侧，方识如丝正午睛。"

明代皇家有铜炉猫食盆，清宫也收藏有宋代官窑的猫食盆，不过这类瓷器在清代已经非常珍贵，并不会真的用来喂猫。乾隆有一首关于猫食盆的《咏官窑盆》诗云："官窑原出宋，猫食却称唐（自注：俗称此器为唐官猫食盆，然大内今已有三识为宋官窑制也）。越器虽传咏，晨星久尽藏。铁钉犹见质，火气早潜光。净水宜盆手，饲猸真不当。"故宫博物院收藏的一件仿官釉猫食盆中，盆底便镌刻着乾隆这首诗。乾隆另有《猸食盆》御制诗："官窑莫辨宋还唐，火气都无有葆光。便是讹传猸食器，蹴枰却识蓁恩偿。龙脑香薰蜀锦裯，华清无事饲康居。乱棋解释三郎急，谁识黄虬正不如。"乾隆皇帝曾经降旨将这首诗刻题至三件汝窑水仙盆上。

　　另一件清仿汝釉青瓷猫食盆，底面镌刻乾隆皇帝《题官窑盆》御制诗："官窑创自修内司，尔时外间禁用之。即今经六七百岁，犹见一二晨星遗。谓猸食盆诚谰语，唐宫奢淫何足举。井华净手漾钏金，宜赠玉台新咏侣。虽微薜暴无害佳，如玉岂得无瑕皆。声闻过情君子耻，和光混俗幽人怀。"传世的这件猫食盆随附木座，木座带抽屉，内藏乾隆临王羲之五帖一小册。对照乾隆四十二年（1777）《活计档》记录，乾隆皇帝降旨为一件"官窑猫食盆"配制木座，至乾隆四十三年（1778）始"配得有抽屉座样，内盛册页样一册持进，交太监厄勒里呈览"，最后终于获准制作，至乾隆四十三年三月十六日方告完成。档案记录中的"官窑猫食盆"正是这件传世的仿汝釉青瓷猫食盆。清代负责景德镇的唐英《陶成纪事碑》中，有"仿铜骨无纹汝釉，仿宋器猫食盆，人面洗色泽"一类釉彩的烧造，这件仿汝釉青瓷猫食盆可能正是唐英监造仿烧北宋汝窑青瓷无纹猫食盆的作品。

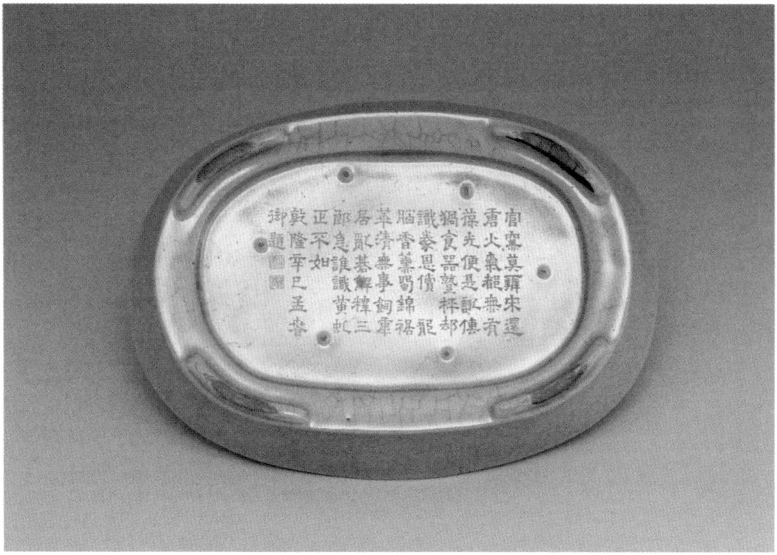

汝窑青瓷猫食盆，底面镌刻乾隆皇帝咏《猧食盆》御制诗

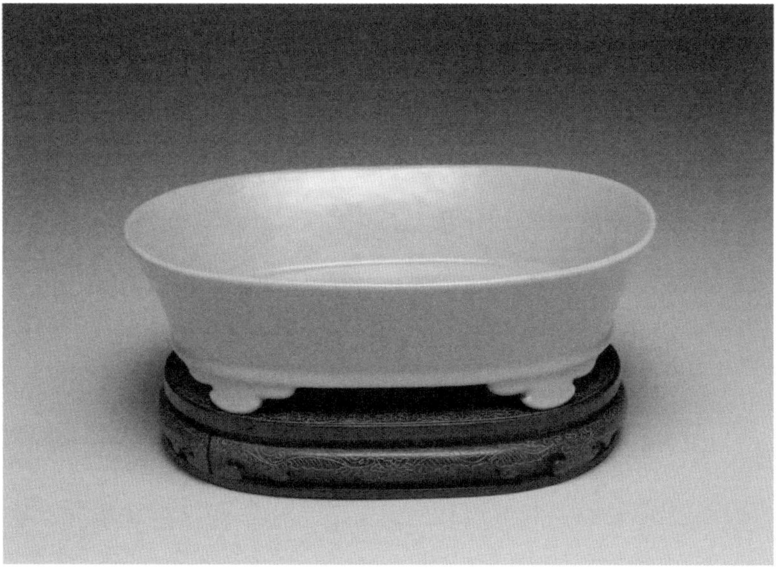

清仿汝釉青瓷水仙盆

今天还可以看到乾隆爱猫的真实图像。在2018年日本美协春拍现场，有一件清宫旧藏彩绘《狸奴影》册页问世，共十开，绢本，20.5×13.5厘米，册页配有紫檀西番莲纹盒。这件彩绘册页是乾隆时期波西米亚画师艾启蒙所绘，每开均有"臣艾启蒙恭绘"款。艾启蒙（Jgnatius Sickeltart，1708—1780），字醒庵，天主教耶稣会传教士，于乾隆十年（1745）来华，工人物、走兽、翎毛，与郎世宁、王致诚、安德义合称四洋画家。《狸奴影》中绘有十只"御猫"，艾启蒙西法中用，使用素描技法，运用解剖学的技巧，用短细笔触一丝不苟地刻画出猫体态和皮毛，具有极强的写实性，和传统国画中偏向写意的猫图有很明显的区别。在《狸奴影》中，分别用满汉文字记录了十只猫的名字，分别是妙静狸、涵虚奴、翻雪奴、飞睗狸、仁照狸、普福狸、清宁狸、苓香狸、采芳狸、舞苍奴。

中国第一历史档案馆所藏清代宫廷档案里的《猫册》和《犬册》，是道光帝时期皇室猫狗的记录册，折件册页，各一册，记载了当时紫禁城里养的宠物猫、宠物狗的名字和出生、死亡日期。据中国第一历史档案馆倪晓一介绍，《猫册》外有绫缎套包装，合拢时外观如同一本小册子，展开则为折装，共7幅面，通体呈浅蓝色，封面饰有四方如意等交错花纹，中间贴黄绫签，书"猫册"二字；正文部分亦为蓝色底，每幅粘有四行签条，签条上方楷书猫名，名字下方小字注其生卒年月。如其中记录猫："玛瑙花横儿，十九年正月，十九年七月十七日；

《狸奴影》图册中的"翻雪奴"

秋葵，十九年六月，二十年二月；金橘，十八年十月，二十
年二月；灵芝，十九年六月，二十一年三月二十一日；金虎，
二十二年三月十三日，二十二年十月……"从《猫册》来看，
猫的名字还有小丑儿、玉虎、银虎、双桃儿、玉狮子、花喜、
玻呵、俊姐、金哥、墨虎、喜豹、花妞儿、芙蓉、花郎儿、金
妞儿、玉簪、小玉簪、花小儿、分香。这些名字蕴含着时代特
点和清宫的生活情调，其中有的猫名是满文，如玻呵便是满文
墨的意思，想来这是一只纯黑的猫。

　　可与之对比的是《犬册》中的"御犬"名称，共有三十个，
分别是墨喜、新喜、水晶、哈鞑、报喜、花喜、伊罕、木罕、

栀子、角端、栀伊儿、杏儿、玉狮子、栗子、喜圆、呢初呵、桃花、喜豹、玫瑰、喜小儿、双顶、喜姐、杜鹃、角端（犰儿）、妞儿、可怜儿、玉虎、柿子、托啰、如意。

　　道光帝是一位猫奴，在道光朝内务府呈稿档案中有不少传旨画猫的记录，仅在道光十九年（1839）、二十三年（1843）这两年内，就多达十数次，奉旨作画者均为沈振麟。如道光十九年的几条记录：

　　　　正月初十日，懋勤殿太监王永贵传旨，着沈振麟画小猫一张，高五尺四寸，宽三尺。钦此。

　　　　四月初四日，懋勤殿太监王永贵传旨，着沈振麟画小猫三个一张，长五尺五寸，宽三尺五寸。钦此。

　　　　四月初七日，懋勤殿太监王永贵交折扇一柄，传旨着沈振麟画小猫三个。钦此。

　　　　六月初八日，懋勤殿太监王永贵交折扇一柄，传旨着沈振麟画泥金银小猫一个。钦此。

　　画猫涉及的费用，中国第一历史档案馆中还保留有道光十九年七月二十二日《为实销画猫画狗等项共用材料银两事》、道光十九年十月二十三日《为实销画马画猫等共用材料银两事》、道光十九年十二月二十一日的《为实销画猫等项所用材料银两事》、道光二十四年正月十九日《为实销画猫狗共用材料银两事》等。

沈振麟，字凤池，一作凤墀，吴县（今江苏苏州）人。工写照，兼善写生，及山水、人物，各臻其妙。供奉内廷。慈禧太后赐御笔"传神妙手"匾额。尝奉敕画马便面二叶，各有宣宗御题三字一曰"飞霞骢"，一曰"翔玉骢"，钤有道光御用方玺；又《百鸽图》每页书签各名，尽绘物之妙。沈振麟笔下的猫、狗刻画精致细腻，笔法工写相谐，敷色雅致，气息生动奇趣。

沈振麟关于清宫猫的画作，有台北故宫博物院所藏《猫竹图》，所绘内容是皇宫庭园中桃竹交映，下有一石，芳草如茵。画面上共有三只暹罗猫，脖子上都系着串有大红穗子和金色铃铛的项圈。其中大猫蹲于大石上，两只小猫相扑为戏，神情宛真。

除了《猫竹图》，沈振麟关于清宫御猫的画作，目前传世的还有《耄耋同春册》，也收藏在台北故宫博物院，共分上、下两册，分别是耄册和春册。每幅大小纸本 28.5×32.9 厘米，各自于墨笺上以金粉等描绘猫、蝶与不同的应时花卉。耄册为十二幅不同品类、花色的猫咪，姿态各异，趣味十足。春册绘有十二幅四时花卉蔬果与不同品种、大小各异的飞蝶。

经过了几百年的繁育、自然流失和补充后，紫禁城的御猫们如今也成了全国"铲屎官"和"云养猫"人士的心头好，故宫博物院前院长单霁翔先生也透露过，如今故宫中的猫群体多为明代和清代宫廷猫的后代，且各自拥有庞大的粉丝团，每天

清 沈振麟《猫竹图》

清　沈振麟《耄耋同春册》（局部）

清　沈振麟《耄耋同春册》（局部）

都有人给它们送猫粮。这些来自全国天南地北的猫粮快递上通常会写明"请给延禧宫的猫"或"这包给慈宁宫的猫"。

这些吃着百家饭长大的网红故宫猫们，也在努力"工作"着。单院长曾这样评价过他们的"工作业绩"："故宫的猫咪是靠着自己的努力，赢得了大家的尊重！要知道，它们比我们还敬业。白天，它们会和工作人员一起迎客。晚上，我们下班了，它们还要上夜班。因此，紫禁城内一只老鼠也没有！"这样想来，明代御猫的后代仍旧在用种族特有的方式守护着这座宫殿，也是一种世世代代无穷尽也的极致浪漫吧。

笑话集里的猫段子

我国的笑话集，最早的是三国魏邯郸淳的《笑林》，此后有隋代侯白的《启颜录》、唐代无名氏的《笑言》等，仅宋代，就有高怿的《群居解颐》、范正敏的《遁斋闲览》、传苏轼所撰的《艾子杂说》《调谑编》、天和子的《善谑集》、周文玘的《开颜录》、朱晖的《绝倒录》、徐慥的《漫笑录》之类，洪迈《夷坚志》中也有一些笑话。明清两代笑话集的数量就更多了。

宋代有个和猫无关的猫段子，在文学史上很有名。主角是唐末五代著名诗僧贯休，有"满堂花醉三千客，一剑霜寒十四州""一瓶一钵垂垂老，万水千山得得来""柴门寂寂黍饭馨，山家烟火春雨晴""春风还有花千树，往事都如梦一场"等名句，但他作诗，往往有过于口语化的句子，被人认为过于浅近。例如其"尽日觅不得，有时还自来"一句，本意是说好诗句之难得，和贾岛"两句三年得，一吟双泪流"正是一个意思。但用语较浅，被宋代诗人梅尧臣嘲笑说：这句说整日找不到，有时候自己却来了，写的可不是有人家里丢了猫儿吗？

早在宋代，就有老鼠怕猫的段子：《夷坚支志》中记载，桐江有户人家养了两只猫，主人对它们非常疼爱，坐卧行走都带在身旁。如果它们晚上没有卧在枕边，主人就不能安心入睡。有一次，有只老鼠到米缸里偷米吃，出不来了，婢女见了就报告给了主人。主人听后十分高兴，便带来一只猫放进缸里。老鼠看见了猫，本来以为大祸临头，吓得乱蹿乱跳，吱吱大叫，但猫却根本无视老鼠，甚至被老鼠吓到，过了半天猫自己从米缸跳了出来。主人把另一只猫拿来放进米缸，结果它也跳了出来。婢女到邻居家借来一只猫，想放进米缸咬死老鼠，可谁知邻居家的猫刚到了缸沿儿，发现里面有老鼠，吓得紧紧抓住婢女的衣服，死活不肯下去。缸里的老鼠此时得意扬扬，在里面逍遥自在地吃起粮食，有人来了也不再躲避。拖到了第二天，婢女实在忍不住了，只好亲自拿着根木杖，伸进米缸打老鼠。木杖一伸进去，老鼠立即顺着爬了上来，婢女大惊，连忙丢下木杖，老鼠便借此逃之夭夭了。这个故事既是一个笑话，也是宋代以来猫高度宠物化的真实写照。在宋代，狮子猫等不会抓老鼠的宠物猫广泛出现。这样的猫在后代就更多了，明人陆容《菽园杂记》中记载有人家里"白日群鼠与猫斗，猫屡却"，也是猫不敌鼠。

　　明代刘元卿《应谐录》中有个有名的段子，齐奄家养了只猫，自认为此猫很不一般，便告诉别人说此猫被称作"虎猫"。有个客人对他说："老虎的确十分凶猛，却没有龙神通，不如改名叫'龙猫'。"又有个客人说："龙固然比老虎神通广大，但龙在天上飞的时候，必须腾云驾雾，所以云应当在龙之上，不如改名叫'云猫'吧。"另一个客人说："云气虽然能遮盖住天空，风却可以很快把它们吹散，所以云比不上风，还是叫'风猫'吧。"又一个客人说："暴风吹起，只有墙可以抵挡，风怎么能把墙吹倒呢？我看就叫它'墙猫'好。"最后一个客人说："墙是非常坚固，但是老鼠可以在上面打洞，墙如果要倒塌了，又能把老鼠怎么样呢？叫它'鼠猫'就行。"东村长者听说了这些，嗤笑他们说："抓老鼠本来就是猫的本性，猫就是猫，为什么要乱加这些名号，让猫失去本性呢？"值得一提的是，这个笑话故事在中国流传已久，但其"老家"其实是在印度，季羡林先生有一篇经典的论文《"猫名"寓言的演变》，就指出这个故事源出于印度古老的梵文故事集《故事海》和《说荄》（《说荄》是古印度著名故事集《五卷书》的早期形式）里的"老鼠嫁女"故事。这个故事大约是随着佛教逐渐进入中国的，在哈萨克族民间还有一则《老鼠美女》的故事，和《五卷书》中的故事完全相同，是传播过程中的痕迹。

　　冯梦龙的《古今谭概》中也有一些关于猫的段子。宋代罗愿的《尔雅翼》里说鸡有五德：头戴冠者，文也；足搏距者，武也；敌在前敢斗者，勇也；见食相告者，仁也；鸣不失时者，信也。《古今谭概》里则记载：万寿寺的僧人彬法师曾经招待客人，正好有一只猫蹲在他脚旁。他对客人说：人说鸡有五德，此猫也有五德。见老鼠不抓，仁也；鼠夺其食让它，义也；客人到了，好食品摆上桌，猫就跑出去自己玩了，礼也；我的东西藏得再好，它都能找到，智也；每到冬天，它就跑到灶下取暖，信也。

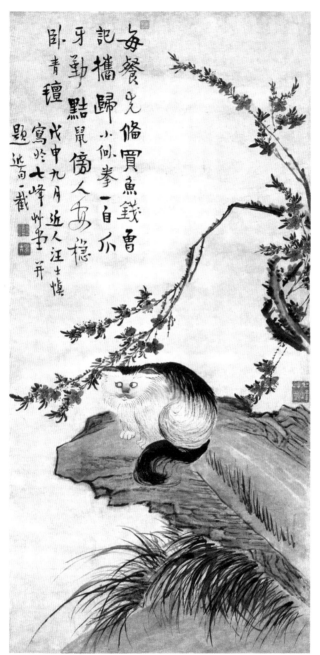

每餐先偏買魚錢曾
記攜歸小似拳一自爪
牙勤點鼠偷人安穩
卧青氈　戊申九月近人汪士慎
　　　寫於七峰州圃一开
題澁翁一截

　　清初石成金的笑话集《笑得好》中，有一个很经典的讽刺笑话。猫在墙边安静地坐着，眼睛半闭，口中支支吾吾地念个不停，远处有两只老鼠偷着议论："猫今天竟然在念经，不吃肉了，我们可以出去了。"两只老鼠鬼鬼祟祟地才刚出洞，就被猫逮了个正着，咬住一只连骨头带肉一起吞了进去。另一只老鼠

清 应召《猫图》

好不容易逃了回来，对其他老鼠说："我以为它闭着眼睛念经，一定是改善好心了，可谁知道做出来的事，却是个吃人不吐骨头的！"后来《笑林广记》中有一则《心狠》，讲的也是类似的故事。一个多事的闲人，有一天无事找事，把一串佛珠挂在了猫的脖子上。群鼠见猫戴上了佛珠，非常高兴，以为此猫已经"持斋念佛，定然不吃我们的了"，就都在庭院中大胆欢乐地蹦跶起来。虽然此前被文人戏称为"佛奴""麒麟兽"的不捕之猫确实不少，但并不是这则故事的发展方向。故事中，戴着佛珠的猫儿看到满院的猎物，根本按捺不住捕鼠的天性，在庭院里大开杀戒。群鼠见状，只好四下奔走逃窜，一边逃命一边窃语道："吾等以他念佛心慈了，原来是假意修行。"另一个鼠道："你不知，如今世上修行念佛的，比寻常人的心肠更狠十倍。"猫在这里倒成了一个假慈悲的形象。这个故事和元代以来流行的歇后语"猫哭耗子——假慈悲"正有异曲同工之妙。

乾隆时期，我国民间笑话的集大成者《笑林广记》经由"游戏主人"整理并编撰成册。《笑林广记》生于市井、长于俗世，收入很多源于市井的笑话，其中有大量以猫为主题的段子，这里介绍其中几个比较有趣的故事。

老鼠怕猫，被引申成了生杀予夺和疲于奔命的两个阶层的代表，是不少笑话里的背景，例如《撞席》：老鼠与獭结交。鼠先请獭，獭答席，邀鼠过河。獭暂往觅食，老鼠在等獭回来，忽一猫见之欲捕，老鼠惊慌地说："请我的倒不见，吃我的倒来了。"《猫逐鼠》则是讲：从前有一猫擒鼠，赶入瓶内，猫不舍，犹在瓶边守候。鼠畏甚，不敢出。猫忽打一喷嚏，鼠在瓶中曰："大吉利。"猫曰："不相干，凭你奉承得我好，只是要吃你哩！"另有一则《祝寿》，也同属这一主题。有一日，一只猫坐在鼠洞前，要给老鼠过生日。鼠不敢出。猫鼠对峙期间，老鼠在洞里打了个喷嚏，猫便抓着机会恭恭敬敬地祝祷他"寿年千岁"。群鼠听后纷纷劝谏寿星老鼠道："他如此恭敬，何妨一见？"寿星鼠心里如同明镜，道："他何尝真心来祝寿啰，骗我出去，正好狠嚼我哩。"这个笑话在明代冯梦龙的《古今笑史》中就有收录，并且介绍了这个笑话产生的背景：一位名叫安磐的官员，有一回为了躲避过生日，偷偷藏了起来，同事蔡巨源尾随而至，戏谑说："听说一只老鼠躲在一只瓶子里，猫捉不到，就用胡须拨弄它，老鼠于是打个喷嚏，猫就在外面大呼：'千岁！'老鼠说：'你当是真为我祝寿，只不过骗我出来好吃我罢了。'"安磐只好出来。

　　许多当代的"铲屎官"经常会开玩笑说，自己在外辛苦打拼，就是为了让自己的猫过上自己向往的生活，下辈子不如换换角色。而在《笑林》卷五的殊禀部的《白鼻猫》一则里，就真的有这么一个因为做人极懒而被冥王罚去轮回变猫的故事。

　　此人生前"素性最懒，终日偃卧不起"，连三餐都懒得吃，最后"厌厌绝粒，竟至饿毙"。懒人死后来到冥司，冥王见他生前性懒，要罚他下一世轮回变猫。轮回之前，懒人向冥王提出了一个令人哭笑不得的要求，他说："身上毛片，顾求大王赏一全体黑身，单单留一白鼻，感恩实多。"冥王不解，问他为什么会有这样奇怪的要求。懒人回答说："我做猫躲在黑地里，鼠见我白鼻，认作是块米糕，贪想偷吃，潜到嘴边，一口咬住，岂不省了无数气力。"这个段子堪称是"躺平文化"的鼻祖。

清代沈起凤的《谐铎》里有一则捉虎和捉猫的段子。沂州地方山势险峻，有很多老虎。地方官下令猎户捕虎，可是猎户却反被老虎吃掉。有个陕西人叫焦奇，流落到沂州，他极有力气，曾经挟起过千佛寺前面的石鼎。听说山中老虎多，他便经常徒步进山，遇到老虎就空手将其打死扛回来，众人无不称奇。有一天，焦奇又独自进山，遇到两只大老虎带着一只小虎。他打死两只老虎，一个肩上扛着一只，还把小老虎活捉回来。有位富翁非常钦佩他的勇猛，设宴招待。席间有只邻家的猫跳上桌吃东西，把酒肉及饭菜弄得满席淋漓，主人非常生气。焦奇迅速起身，出拳一击，桌上的果核都打碎了，猫却轻轻一跃，上了窗台。焦奇追着猫展开打虎架势，连窗棂都给打裂了，却始终碰不到猫的影子。那只猫压根不理会他，摇着尾巴越墙回家了，只剩下焦奇在那干瞪眼。这个笑话也很有教育意涵，说明人的能力只有在合适的场景中才能得到充分的发挥，善于打虎的人才未必善于捉猫，一个人能找到适合自己的道路，让自己的才能得到正确的运用是非常重要的。

相比而言，吴趼人《俏皮话》中的一则"猫不做官"的故事，最具有讽刺意味。皇帝因为猫捉鼠有功，想给它一个官职，以酬谢其劳苦。猫却极力推辞，不愿意接受。皇帝惊奇地问猫为何不愿做官，猫说："臣如今不做官，还能做只猫；倘若一旦做了官，便连猫也做不成了。"皇帝不愿批准猫不做官的请求，坚持要让它上任。猫说："我早已经发过毒誓，不改变自己的节操。如果要上任做官，就非改变不可。否则，同僚们就无处安身了！所以臣不敢接受恩旨。"皇帝问什么原因，猫说："老鼠向来都是害怕猫的，而如今天下做官的，全部都是一帮鼠辈，倘若我出来做官，那他们这些同僚要怎么安身呢？"

生活往往能孕育出最好的段子。清人程氏《吹影编》中记载了一个能听懂人话的猫儿，有位王观察家中有只猫向主人求食，主人开玩笑说："你都没有能抓老鼠，为啥要来跟我要吃的？"勉强喂它吃了东西。第二天早上起床，床头放着十二头老鼠的尸体，都是猫昨晚所捕杀的。袁枚《随园诗话》中说邹泰和学士"和雅谦谨，有爱猫之癖。每宴客，召猫与儿孙侧坐，赐孙肉一片，必赐猫一片，曰：'必均，毋相夺也。'督学河南，按临商丘毕，出署失一猫，严檄督县捕寻。令苦其烦，用印文详报云：'卑职遣干役四人，挨民家搜捕，至今逾限，宪猫不得'"。清代人还有一些关于生活的体悟，读来引人发笑，继而又引人深思。如《松庵随笔》中记载，猫在墙上奔走，往往打翻瓦片，泥瓦匠因此得到了不少活计，因此将猫奉为他们行当的祖师。褚人获《坚瓠集》中记录了张亦山写给子孙的《铭心训》，专门讨论"我求人"和"人求我"的关系，其中有一段说："人求我，大事当小做。我求人，小事大人情。人求我，朝成暮不顾。我求人，猫狗是天尊。"

从唐到清：古人如何为猫取名？

史料中最早为猫取名的是堪称中国第一位猫奴的连山张搏，他家里养着几十只猫，一一取以佳名。元代陶宗仪编的《说郛》中所引五代张泌的《妆楼记》，记录了其中一部分他所取的猫的名字，"其一曰东守，二曰白凤，三曰紫英，四曰祛愤，五曰锦带，六曰云图，七曰万贯"。稍晚后唐时的琼华公主从小养有二猫，一只通身白色而嘴部有一点黑斑，像是衔着花朵，被取名为"衔蝉奴"，另一只通身黑色而白尾，被称为"昆仑妲己"，昆仑是六朝隋唐时期对黑人（主要是东南亚人）的称谓，妲己则是说它长着一只狐狸尾巴。

唐末五代著名诗僧贯休，有"一瓶一钵垂垂老，万水千山得得来""满堂花醉三千客，一剑霜寒十四州"等名句，他养有一猫，取名"梵虎"。五代末北宋初的陶毂在《清异录》中记载："余在辇毂，至大街见揭小榜曰：'虞大博宅失去猫儿，色白，小名白雪姑。'"他在首都开封看到大街小巷贴着小海报，说虞大博家的猫丢了，名字叫"白雪姑"。这是中国历史上第一张寻猫启示，虞大博生平事迹不详，《全宋诗》中录有虞大博诗一首，这位虞大博是仁宗时期常州人。司马光家的猫取名叫"麟"，《说文》："麟，黑虎"，这是根据其外形和性格所取的名字。南宋大诗人陆游的一只猫，取名叫"粉鼻"，另有一只猫，取名叫"雪儿"；南宋云岫法师的猫儿则叫作"花奴"。

《太平广记》中有则传奇故事：唐代有位侍御史叫卢枢，他有个亲戚是建州刺史，夏天夜里独出寝室，望月于庭。刚刚出户门，就听到堂西阶下好像有人语笑声。蹑足偷窥，看到七八个白衣人，长不盈尺，男女杂坐，正在饮酒。其中一人曰："今夕甚乐，然白老将至，奈何？"大家因此纷纷叹吒，须臾，坐中皆哭，纷纷跑到阴沟中消失不见。后来他换了岗位，新任的建州刺史养着一只大猫，取名叫"白老"，他走马上任，白老也在堂西阶的地中打洞捕鼠，捕杀了七八只白鼠。

嘉靖帝朱厚熜有一只宠爱的狮猫，全身微青色，只有双眉莹洁，因此取名"霜眉"。前文已经提到，明代皇家酷爱"吸猫"，猫在宫廷中地位很高。后宫中为猫取了种种美名，如纯白者名"一块玉"，身黑而腹白者名"乌云罩雪"，黄尾白身者名"金钩挂玉瓶"之类，甚至有染色大红者。

清代人给猫取名更有创意。吴三桂的孙子吴世璠养有三只爱猫。等到三桂兵败，这三只猫也被清军兵士所获，看到每只猫的脖子上都挂着一个牌子，写着它们的名字，三只猫分别叫"锦衣娘""银睡姑"和"啸碧烟"。乾隆二年（1737）的状元、后来官至首席军机大臣的于敏中，家里养的猫取名叫"冲雾豹"。于敏中对它非常宠爱，吃饭时猫走过来，他总是要把自己的食物分给它。有座妙果寺，僧人们养的一只猫对莲花座情有独钟，总是蹲在佛坐前喃喃自语，恋恋不舍，寺里住持悟一法师给这只猫取名叫"兜率猫"，也叫"归佛猫"。永嘉人周衣德，原名灏，号藕农，贯通经史，文如泉涌，时称"行书橱"，他在河南任职时养的一只猫颜色纯黑，被他取名"一锭墨"；而黄山民养的猫也是首尾到脚纯黑，因此取名"黑奴"。黄汉《猫苑》（卷下）中记载："淳安周爽庭太学有猫曰'紫团花'，泰顺董晋庭廷诣有猫名'乾红狮'，是与遂安朱小阮之'鸳鸯猫'、萧山沈心泉之'寸寸金'先后颉颃焉。"

在清宫档案中，乾隆时期《狸奴影》中记录的猫名有妙静狸、涵虚奴、翻雪奴、飞睇狸、仁照狸、普福狸、清宁狸、苓香狸、采芳狸、舞苍奴。道光时期《猫册》中记录的猫名有玛瑙花横儿、秋葵、金橘、灵芝、金虎、小丑儿、玉虎、银虎、双桃儿、玉狮子、花喜、玻呵、俊姐、金哥、墨虎、喜豹、花妞儿、芙蓉、花郎儿、金妞儿、玉簪、小玉簪、花小儿、分香。

永嘉人郑烺将猫取官名，有"小山君""鸣玉侯""锦带君""铁衣将军""麹尘郎""金眼都尉"之类，都是巧妙地用猫的特征点化而成，很有创意。他又用佛道教的元素给猫取名，有"雪氅仙官""丹霞子""鼾灯佛""玉佛奴"等等名称。

晚清民国时的名人们也给猫取了一些有趣的名字。丰子恺家的猫叫"白象"，他为白象专门绘画题诗："我家有猫名白象，一胎五子哺乳忙。每日三餐匆匆吃，不梳不洗即回房。五子争乳各逞强，日夜缠绕母身旁。二子脚踏母猫头，母须折断母眼伤。三子攀登母猫腹，母身不动卧若僵。百般辛苦尽甘心，慈母之爱无限量。天地生物皆如此，戒之慎勿互相戕。"他还养过叫"黄伯伯""阿咪"等名字的猫，写过不少关于猫的文字，如今在丰子恺家乡纪念馆门口，还有一只胖石猫陪伴他。胡适家的猫叫"狮子"，徐志摩生前借住胡适家，非常喜欢这只猫，徐志摩去世后，胡适为他写的悼诗就叫《狮子》，有"狮子，你好好的睡罢，你也失掉了一个好朋友"。徐志摩自己也养猫，取名"法国王"。冰心和季羡林都有一只叫"咪咪"的猫，季羡林还有一只猫叫"虎子"。冰心老人去世后的第二天，她的"咪咪"也随之辞世，这只猫后来被制作成标本，放置在冰心纪念馆中。

养猫总会有被偷或走失的情形，民国报纸上有各种风格的寻猫启示，1928年4月7日《晨报》上有则寻猫广告的全文如下："本宅于十号走失花白小猫一只，颈系铜铃，腹白背黑，足短尾长，厥名阿米，余家爱之不胜。各方仁人君子，如有知其下落，送到本宅，酬洋二元；知风报信，因而寻获者，酬洋一元，决不食言。如将此猫送回本宅者，福禄双全，子孙满堂，阴功积德，长命富贵。如知此猫下落，不送回本宅者，恶贯满盈，殃及子孙，斩宗灭嗣，男盗女娼。本宅敬白。"这只小猫名叫"阿米"，主人极为喜爱，广告中的利诱诅咒，读来让人不禁失笑，但也可见主人爱猫之深。

清　蔡含《高冠午瑞图》

清人大盘点：家猫的品种与品相

成书于明代、经过清代人增补的著名启蒙经典《幼学琼林》中，就教育小朋友"家狸、乌圆，乃猫之誉；韩卢、楚犷，皆犬之名"。中国古人喜欢给猫取别名，经不完全统计，古人使用的猫的别称有四十多种：家豹、家狸、衔蝉、衔蝉奴、蒙贵、乌圆、白雪姑、锦带、云图、女奴、狸狌、狻猊、狸奴、红叱拨、霜眉、鼠将、粉鼻、麝香騟妲己、仙哥、白玉狻猊、麒麟、小於菟、虎舅、女猫、吖头、猫老爷、白老、小官人、寒猫、花奴、紫英、蚕猫、懒猫、佛奴、鬼尼、尼姑、宝狸、黑奴、不仁兽、虎面狸、祖师、将军、高伊、密什等等，其中有些本来是一些名人自己家猫的名字，后来也变成了猫的别称典故。

从品种来说，古代大部分家猫在今天称之为中华田园猫，又有不少从国外引进的其他猫品种。清人《衔蝉小录》《猫苑》等书中对此做过一些简略总结，这里结合史料做一些补充。

中华田园猫又有种种细分。例如《酉阳杂俎》中记载有楚州射阳猫，有褐花色者；灵武猫，有红叱拨色及青骢色者，这分别是狸花猫和中华田园猫。再如四川简州猫又称四耳猫，《续子不语》中称"四川简州猫皆四耳，有从简州来者亲为余言"。乾隆年间《简州志》载："天下猫两耳，惟四川简州猫，盖轮廓重叠，两大两小，合成四耳也。"所谓"四耳"，是因为这一品种的猫的耳朵轮廓相互重叠，分别是两只大、两只小，在耳朵里面还藏有耳朵，所以形成四耳的视觉。黄汉《猫苑》中引张孟仙的观点说："四耳者，耳中有耳也，州官每岁以之贡送寅僚，所费猫价不少。"乾隆年间出任江宁知府、湖南巡抚、云南巡抚、福建巡抚和云南总督的李尧栋，女儿爱猫，他在成都做官的时候，"简州尝选佳猫数十头，并制小床榻，及绣锦帷帐以献"。

临清狮子猫出现较晚，是波斯猫和山东鲁西狸猫的杂交品种，而现代波斯猫是在19世纪才由英国人以阿富汗土种长毛猫和土耳其安哥拉长毛猫为基础进行选种繁育而成。盐城猫可能是一种基因突变的猫品种，《衔蝉小录》中记载："淮安盐城县所出猫甚佳，与常产不同，一种目睛赤色，毛白如雪，其形类兔。彼处亦难得。"

而清代流行的番猫，实际上是我国台湾岛上的一种猫，清朱仕玠《小琉球漫志》中记载："琅娇山，生番所居，产猫。形与常猫无异，惟尾差短，自尻至末，大小如一，咬鼠如神，名琅娇猫，又名番猫，颇难得。"琅娇山就是今天的郎娇山，在我国台湾省本岛南恒春半岛。清薛绍元《台湾通志》中也记载："番猫较家猫肥泽，而尾甚短，捕鼠亦捷。"

此外也有一些陆续从海外传来的品种，如本书宋代章节已经详细介绍过的狮子猫，可能原产于两河流域，《猫苑》称："狮猫，产西洋诸国，毛长身大，不善捕鼠，一种如兔，眼红耳长，尾短如刷，身高体肥，虽驯而笨。"再如琉球猫，原产于琉球一带，类似狮子猫，只能赏玩，基本不能捕鼠。无尾猫实际上来自日本，《衔蝉小录》中记载："日本倭猫，柔毛纤薄，无长尾，尻端绒毛长寸余。其形类兔，虽不捕鼠而善搏。"《猫苑》称："近粤中有一种无尾猫，亦来外洋，最善捕鼠，他处绝少见之，可谓绝品，不得概以洋猫而薄之也。"《衔蝉小录》的作者孙荪意家，有一只高澜所赠的日本白猫，高澜有《家有洋白猫持赠孙云鬟并系以诗》有"种分崎岛三千里，寄护牙签十万书"之句，所谓的崎岛，诗中小注云"日本国山名"。

日本受"猫又"妖怪传说的影响，对猫尾比较在意，有意识地培育出了断尾的品种。有趣的是，日语中的猫称为ねこ，其发音接近中文的"尼姑"，《衔蝉小录》中记录说："日本国长崎岛倭人，呼猫曰'尼姑尼姑'。"

《衔蝉小录》中记载的如意猫可能是一种埃及猫，《猫苑》中的九尾猫，"山阴西湾人家，有一白猫，尾分九梢，梢有肉桩，皆极细，而各梢之毛，毵毵然如狮子尾，人呼为九尾猫"，这应该是波斯猫。紫猫"产西北口，视常猫为大，毛亦较长，而色紫，土人以其皮为裘，货于国中"，这种猫则可能是安哥拉猫。此外《猫苑》还记载歧尾猫"产南澳，其尾卷，形若如意头，呼为麒麟尾，亦呼如意尾，捕鼠极猛"，这种动物可能并非家猫，而是豹猫。

清代人还给不同花色的猫取了形形色色的雅致名字。番禺人丁杰将猫分为三等，分别取了美名，纯黄者曰"金丝虎""戛金钟""大滴金"；纯白者曰"尺玉""宵飞练"；纯黑者曰"乌云豹""啸铁"；花斑者曰"吼彩霞""滚地锦""跃玳""草上霜""雪地金钱"；颜色斑驳的，则有"雪地麻""笋斑""黄粉""麻青"等名。

目前所见最早记录这些花色雅称的，是明清之际陈淏子在康熙二十七年（1688）成书的《花镜》一书。《花镜》分六卷，前五卷主要介绍花木果树栽培经验，第六卷则名为"附禽兽鳞虫考"，略述四十五种观赏动物的饲养管理法，其中关于猫的花色品相，有这样一段介绍："如肚白腹黑者，名'乌云盖雪'；身白尾黄或尾黑者，名'雪里拖枪'；四足皆花，及尾有花，或狸色，或虎斑色者，谓之'缠得过'。"从《花镜》本章的体例来看，这段文字应该是引自他书，结合《猫苑》的记载，或许便来自于一种目前应该已经失传了的《相猫经》（与题沈清瑞的《相猫经》不是一部书）。

据《猫苑》所引《相猫经》，纯色的猫通名为"四时好"；褐黄黑相间，名为"金丝褐"；黄白黑相间，名为"玳瑁斑"；黑背而白肢白腹白蹄白爪，名为"乌云盖雪"；全身通黑而四爪白，名为"踏雪寻梅"；纯白身而黑尾，最吉，名为"雪里拖枪"，有"黑尾之猫通身白，人家畜之产豪杰"之说；通身黑而尾尖一点白，名为"垂珠"；白身黑尾，额上一团黑色的，名为"挂印拖枪"，又名"印星猫"，主贵，有"白额过腰通到尾，正中一点是圆星"之说；而白身黑尾，背上一团黑色的，名为"负印拖枪"。《清稗类钞》记载"陶文伯家蓄白猫，其尾独黑，背有一团黑色，额则无，是可称'负印拖枪'也。肥大，重可七八斤。性灵而驯，每缚置案侧，偶肆叫跳，鞭以竹梢，亟趋避，或俛首帖伏。其常时虽以杖惧之，略无惧色"；黑身白尾，则名为"银枪拖铁瓶"，根据后唐琼华公主的命名，也叫"昆仑妲己"；白身而嘴边有衔花纹，就是有名的"衔蝉奴"；通身白而有黄点，名为"绣虎"；身黑而有白点，名为"梅花豹"，又名"金钱梅花"；黄身白腹，名为"金聚银床"；通身都白而黄尾，名为"金簪插银瓶"，又名"金索挂银瓶"；白身或黑身，而背上有一点黄的，名为"将军挂印"；身尾及四足俱有花斑，名为"缠得过"。

《清稗类钞》中记载，"潮阳县文照堂僧自莲有小猫一，尾稍屈，如麒麟尾，色纯黑，惟喉间有一点白毛如豆，腹下有一片白毛如小镜。此为《相猫经》所未载，黄鹤楼谓可称之曰'喉珠腹镜'"。"喉珠腹镜"是全身黑，喉头有一点白毛，肚子上黑中带一片白。

而狮猫也有种种名目，和普通猫差不多。《清稗类钞》云狮子猫"以京师为多，状如狮，故得此名，有金钩挂玉瓶、雪中送炭、乌云盖雪、鞭打绣球等百余种，纯白者不多见。柔毛有长四五寸者。两眼必以异色为贵，名雌雄眼，都人尝以之与狮狗并称"。

对于猫的鉴定，宋代的类书和通书中就有零散的资料，相关章节已经论及。明代还出现了《纳猫经》。陈淏子《花镜》

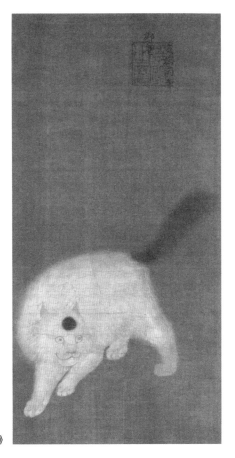

明　朱瞻基《麝香猫图》

中所举相猫之法："必须身似狸，面似虎。柔毛利齿，口旁有刚
须数茎。尾长腰短，目若金铃，上腭多棱者为良。俗云：'猫口
中有三坎者，捉鼠一季。五坎者，捉鼠二季。七坎者，捉鼠三
季。九坎者，捉鼠四季。'"清代又有《相猫经》，此书应该有
好几个版本，除了前述沈清瑞的版本，《猫苑》中还经常引用另
一种版本，其中特别记录了相猫的十二要诀：

头面贵圆，《经》（即《相猫经》，下同）云：面长鸡种绝。

耳贵小贵薄，《经》云：耳薄毛毡不畏寒。又云：耳小头圆尾又尖，胸膛无旋值千钱。

眼贵金银色，忌黑痕入眼，忌泪湿。《经》云：金眼夜明灯。又云：眼常带泪惹灾星。又云：乌龙入眼懒如蛇。

鼻贵平直，宜干，忌钩及高耸。《经》云：面长鼻梁钩，鸡鸭一网收。又云：鼻梁高耸断鸡种，一画横生面上凶，头尾敧斜兼嘴秃，食鸡食鸭卷如风。

须贵硬，不宜黑白兼色。《经》云：须劲虎威多。又云：猫儿黑白须，屙屎满神炉。

腰贵短。《经》云：腰长会过家。

后脚贵高。《经》云：尾小后脚高，金褐最威豪。

爪贵藏，又贵油爪。《经》云：爪露能翻瓦。又云：油爪滑生光。

尾贵长细尖，尾节贵短，又贵常摆。《经》云：尾长节短多伶俐。又云：尾大懒如蛇。又云：坐立尾常摆，虽睡鼠亦亡。

声贵喊，夫喊，猛之谓也。《经》云：眼带金光身要短，面要虎威声要喊。

猫口贵有坎，九坎为上，七坎次之。《经》云：上腭生九坎，周年断鼠声，七坎捉三季，坎少养不成。

睡要蟠而圆，藏头而掉尾。《经》云：身屈神固，一枪自护。

清代相声中的猫叫声

　　模仿日常生活中的买卖吆喝声和动物叫声的表演历史悠久。宋代称之为"叫果子"和"像生"。"叫果子"是当时勾栏瓦肆中重要的表演类型。"叫果子"主要是模仿大街小巷各种行当叫卖的市声。这种市声曲调逐渐定型，称为"货郎儿"或"货郎太平歌""货郎转调歌"。宋代高承《事物纪原·吟叫》记载："嘉祐末，仁宗上仙……四海方遏密，故市井初有叫果子之戏。其本盖自至和、嘉祐之间，叫'紫苏丸'，洧乐工杜人经'十叫子'始也。京师凡卖一物，必有声韵，其吟哦俱不同，故市人采其声调，间以词章，以为戏乐也。"宋徽宗时期表演的名家是文八娘。"像生"则是"学像生叫声，教虫蚁，动音乐，杂手艺，唱词白话，打令商谜，弄水使拳"，南宋还出现了专门的"像生叫声社"。此外，宋代教坊中，还有"百禽鸣"的角色，主要就是模仿百鸟鸣叫的声音。

　　虽然学术界将相声的起源追溯到战国时期宫廷中的俳优和唐代的参军戏，但从实际流变来看，现在的相声是从"像声"演化来的。"像声"也叫隔壁像声，顾名思义是一种口技表演，用嘴模仿各种声音，隔壁的道具通常是一块幕布，模仿中逐渐夹杂有学说和学唱以及故事情节。《清稗类钞·戏剧类》中记载："口技为百戏之一种，或谓之曰口戏，能同时为各种音响或数人声口及鸟兽叫唤，以悦座客。俗谓之隔壁戏，又曰肖声，曰相声，曰象声，曰像声。盖以八仙桌横摆，围以布幔，一人藏于中，惟有扇子一把，木板一块，闻者初不料为一人所作也。"

而像"叫果子"之类的市井口技表演，也被融入到"像声"之中。明朝时期艺人的口技已经非常成熟，明末文人林嗣环的《口技》因被选入中学教材而广为人知："京中有善口技者。会宾客大宴，于厅事之东北角，施八尺屏障，口技人坐屏障中，一桌、一椅、一扇、一抚尺而已。"文章还详细记录了其口技表演，这段表演中，也有模仿动物叫声的表演，主要是模仿犬吠。

在清代，结合口技像声与滑稽戏剧的表演形式也已开始出现，一人学声音在后，一人学表演在前，相互配合，甚至故意出错，把观众逗笑，这是双簧的前身，后被归为相声艺术的一部分。随着相声的定型，学猫叫的表演也开始成熟。《猫苑》中说："技术有名相声者，作猫犬叫，其声酷肖。若鹦鹉、秦吉了及百灵，亦皆能作猫犬声，偶闻，卒莫之辨。汉按：相声，俗作像声，即所谓隔壁戏也。"清代的相声表演，不仅人可以学猫狗叫声，甚至还训练鹦鹉八哥之类的学猫叫。

在清初的相声表演中，有一位因为学猫叫而闻名一时的人物，被称为"郭猫儿"。郭猫儿本名叫郭惟秀，因为在像生表演中学猫叫过于逼真，才得了猫的名字。康熙年间汪懋麟《百尺梧桐阁集》中的《郭猫儿传》云："郭猫儿者，扬州市人也，名惟秀。少以诙谐谑浪闻市肆，善讴，尤善象生。象生者，效羽毛飞走之属声音，宛转逼肖，尤工于猫，故扬人号之'猫'。"

清郑澍若所辑《虞初续志》（卷七）中收有东轩主人《口技记》一文，专门记录郭猫儿的口技表演，其精彩生动程度，不亚于林嗣环《口技》中的那位艺人：

扬州郭猫儿，善口技，其子精戏术。扬之当事缙绅无不爱近之。庚申余在扬州，一友挟猫儿同至寓。比晚酒酣，郭起请奏薄技。于席右设围屏，不置灯烛，郭坐屏后，主客静听。久之无声，俄闻二人途中相遇，揖叙寒暄，其声一老一少。老者拉少者至家饮酒，投琼藏钩，备极款洽。少者以醉辞，老者复力劝数瓯。遂踉跄出门，彼此谢别，主人闭门。少者履声蹒跚，约可二里许，醉仆于涂。忽有一人过而蹴之，扶起，乃其相识也，遂掖之至家，而街栅已闭，遂呼司栅者。一犬迎吠，顷之数犬群吠，又顷益多。犬之老者、小者、远者、近者、哮者，同声而吠，一一可辨。久之司栅者出启栅，无何，至醉者之家，则又误叩江西人之门。惊起，知其误也，则江西乡音詈之，群犬又数吠。比至，则其妻应声出。送者郑重而别，妻扶之登床，醉者索茶。妻烹茶至，则已大鼾，鼻息如雷矣。妻遂詈其夫，唧唧不休。顷之妻亦熟寝，两人酣声如出二口。忽闻夜半牛鸣矣，夫起大吐，呼妻索茶，妻作艺语，夫复睡。妻起便旋纳履，则夫已吐秽其中，妻怒骂久之，遂易履而起。此时群鸡乱鸣，其声之种种各别，亦如犬吠也。少之其父来呼其子曰："天将明，可以宰猪矣。"始知其为屠门也。其子起至猪圈中饲猪，则闻群猪争食声、嚡食声，其父烧汤声、进火倾水声。其子遂缚一猪，猪被缚声、磨刀声、杀猪声、猪被杀声、出血声、烊剥声，历历不爽也。父谓子："天已明，可卖矣。"闻肉上案声，即闻有卖买数钱声。有买猪首者，有买腹脏者，有买肉者，正在纷纷争闹不已，砉然一声，四座俱寂。

《虞初续志》的编者郑澍若评价其表演："技至此，神乎技矣！仕奏者穷形尽相，几于万窍皆鸣。而作记者亦复愚舞笔飞，不啻双管齐下。妓也而进于道矣，言于斯记亦云然。"李调元《童山集》中的《弄谱百咏》中，收有称赞郭猫儿相声表演艺术的诗："扬州明月二分时，处处能歌绛树词。万状千声听不尽，扬州只数郭猫儿。"

说到曲艺，清代还有一种曲艺形式叫作"猫儿戏"。《清稗类钞·戏剧类》中记载："教坊演剧，俗呼为猫儿戏，又名髦儿戏。相传扬州有某女子名猫儿者，擅此艺，开门授女徒，大率韶年稚齿，婴伊可怜。光绪时，上海北里有工此者，每当妆束登场，锣鼓初响，莺喉变征，蝉鬓如冠，扑朔迷离，雌雄莫辨，淋漓酣畅，合座倾倒，缠头之费，所得不赀，亦销金之锅也。"到了光绪、宣统年间，"猫儿戏渐见发展，其优异之处，亦有胜于男伶者。以此类推，女子之资性能力，无事不可学，而文学、美术固尤所优为者也"。当时北京、南京、上海等地都有猫儿戏的戏班子。"光绪时，京师有猫儿戏一班，然惟堂会演之，声势寥落，非观剧者所注意也。"南京"秦淮河亭之设宴也，向惟小童歌唱，佐以弦索笙箫。乾隆末叶，凡十岁以上、十五以下声容并美者，派以生旦，各擅所长，妆束登场，神移四座，缠头之费，且十倍于男伶"。上海"同、光间，沪上之工猫儿戏者有数家，清桂、双绣为尤著。每演，少者以四出为率，缠头费仅四饼金。至光绪中叶，则有群仙戏馆，日夕演唱，颇有声于时"。

猫儿戏的起源，据说和扬州一位叫猫儿的女演员有关。但实际上猫儿戏是髦儿戏的俗称，和猫关系不大，《清稗类钞·戏剧类》中收录有金奇中和王梦生对这一名称来由的解释。金奇中认为："俗以妇女所演之剧曰髦儿戏者，盖以髦发至眉，儿生三月，翦发为鬌，男角女羁，否则男左女右，长大犹为饰以存之，曰髦，所以顺父母幼小之心也。又俊也，毛中之长毫曰髦，因以为才俊之称……谓之髦儿戏者，意谓伶之年龄皆幼，技艺皆娴，且皆由选拔而得，无一滥竽者也。"王梦生则认为："昔以妇人拖长髦而饰男子冠服，至可一笑，故有此称。"

清代戏曲相声中，和猫最直接相关的是《猫儿歌》，戏班子或者相声团队都会表演，本质上是一种绕口令，当时人称之为"急口令"。这种表演的词，大概就是"一只猫儿一张嘴，两个耳朵一条尾，四条腿子往前奔，奔到前村；两只猫儿两张嘴，四个耳朵两条尾，八条腿子往前奔，奔到前村"，后面的词都类似如此，只是耳朵、尾巴、腿子的数量一路增加。《猫苑》中引倪枞桐的评价说："京师伎人，有名八角鼓者，唇舌轻快，尤善于此歌。虽数至十余猫，而愈急愈清朗，是精乎其伎者也。"类似《猫儿歌》的表演，今天还在曲艺、相声舞台上可以见到，例如著名的《玲珑塔》绕口令，是西河大鼓中的名段，其词中有一段就是：

玲珑塔，塔玲珑，玲珑宝塔第一层。一张高桌四条腿，一个和尚一本经，一个铙钹一口磬，一个木鱼一盏灯。一个金铃，整四两，风儿一刮响哗愣。玲珑塔，塔玲珑，玲珑宝塔第三层。三张高桌十二条腿，三个和尚三本经，三个铙钹三口磬，三个木鱼三盏灯。三个金铃，十二两，风儿一刮响哗愣。玲珑塔，塔玲珑，玲珑宝塔第五层。五张高桌二十条腿，五个和尚五本经，五个铙钹五口磬，五个木鱼五盏灯。五个金铃，二十两，风儿一刮响哗愣。

并且持续往上增加，数到七层、九层、十一层、十三层，再从十二层往回数。

此外，清代还有训练猫进行杂技表演的。《猫苑》引寿州余士瑛的回忆云："余昔舟泊扬州，见一技者于通衢之市，周以布障，鸣锣伐鼓，招致观者。场东有猴驱狗为马，演诸杂剧；场西有猫高坐，端拱受群鼠朝拜，奔走趋跄，悉皆中节。猫则五色俱备，青、赤、白、黑、黄交错成文，望之灿若云锦。问所由来，云自安南，匪特罕见，实亦罕闻。或曰此赝鼎也，殆亦临安孙三染马缨之故智欤？"这个马戏团班子里有猴子和狗的表演，而猫和老鼠一起表演，猫坐在高处，老鼠们好像群臣朝拜。余士瑛所见的这只猫青、赤、白、黑、黄五色交错，显然是市井表演者染色所至，为了表演时夺人眼球。

　　此外，在清代人表演的莲花落中，有个经典的词叫《耗子告狸猫》，国家图书馆还藏有几种清刻本《新出耗子告狸猫全段莲花落词》。

外国人游记里的中国猫

外国书籍中最早大篇幅描述中国猫，是在日本文学名著《源氏物语》中，其中第三十四回中故事的情节便是围绕一只来自中国的猫展开的。

> 宫中的猫生了许多小猫，分配在各处宫室中，皇太子也分得一只。柏木看见这只小猫走来走去，样子非常可爱，便想起了三公主那只小猫，对皇太子说道："六条院三公主那里有一只小猫，其相貌之漂亮，从来不曾见过，真可爱啊！我曾约略窥见一面呢。"皇太子原是特别喜欢猫的，便向他仔细探询那只猫的情状。柏木答道："那只猫是中国产，样子和我们这里的不同。同样是猫，然而这猫性情温良，对人特别亲昵，真是怪可爱的！"花言巧语，说得皇太子起了欲得之心。

最晚在《马可·波罗游记》问世后，欧洲人已经开始广泛了解到辽阔、富庶的"契丹国"。随着1492年8月3日哥伦布（Christopher Columbus）在西班牙扬帆出海，海上航线开辟，为欧洲耶稣会士来华提供了交通基础。明清以后，西方世界对中国越来越熟悉，一批在华的外国传教士或来华使节、商人，用游记写下他们对中国的印象，还有一些西方人没有来过中国，但使用前人的材料，写作了一些中国指南。

与此同时，18—19世纪广州的外销画开始在西方风行。康熙二十三年（1684），康熙皇帝批准开放沿海海上贸易，来华的西方商船迅速汇聚于此。次年，清政府在广州设立机构管理各国商贸事务，各国东印度公司纷纷在此设立商馆，专门负责与西方贸易的中介机构开始出现，这就是有名的"十三行"。乾隆二十二年（1757），乾隆皇帝要求西方贸易只能在广州进行，广州为中国唯一的对外通商口岸。中国艺术品通过贸易大量进入西方，引发中国风的热潮，这种需求催生出了独特的外销画。这些画作大都由广州十三行的画家门用西方绘画的技术画成，但同时保留着中国传统绘画的艺术形式，其形式包括纸本水粉画、线描画、通草水彩画、布本油画、象牙画、玻璃画等，题材类型则极其广泛，堪称是当时中国社会生活、自然生态的"全景图"，其中展示市井生活和手工业制作的作品体量最大。在这些销售给西方人的外销画中，也可以找到不少当时市井中猫的痕迹，尤其是猫贩的图像，可以填补传世文献中对市井宠物行当记载的不足。

对西方人来说，在中国人和日常动物的互动中，最让他们吃惊的是中国人会吃狗肉和猫肉。在乔治·梅森一本介绍中国风俗的图书《中国缩影》（此书由赵省伟、于洋洋译出中文版，名为《清代风俗人物图鉴》）中提到一个故事：在一座中国城市里，一位欧洲旅行者被邀请参加一场当地富豪举办的盛宴。落座后，这位绅士习惯性地环顾桌面上的菜肴，终于松了一口气，因为面前的那道菜看上去应该是一只烤鸭。但是，为了在吃之前使自己更加放心，他转过头去询问站在身后的一个仆人。当然，他知道那人听不懂英语，于是他指着那道菜，用一种询问的语气问道："呱呱?"仆人向他深施一礼，脸上带着庄重而满足的神情，似乎非常乐于回答这个问题，他说："汪汪。"在这部书中还提到："在中国的城市中，猫、狗、老鼠都会出现在商贩手中，并且卖给那些有此爱好的人。它们并不比别的动物便宜。事实上，买一只猫的钱同样可以买下一只野鸡。"在描述猎户时，又说："他们还会吃猫肉和狗肉，这在中国一点儿也不稀奇。"

　　1843年在伦敦出版的阿罗姆的《中华帝国图景》中，也收有一幅"通州府卖猫肉和茶叶的商人"的绘图，乔治·N. 怀特为其撰写的说明文字中特别强调："在中国，几乎所有的东西都可以食用，富贵者更是食不厌杂……市场上，小贩们挑着担子，担子两端的篮子里装着狗、猫、鼠和鸟等动物，这些动物部分是家养的，部分是野生的，大多都还活着。一种体型不大的长毛垂耳狗，最受食客的欢迎。它们被关在笼子里，无精打采，一副生无可恋的样子。猫则不然，它不断地嚎叫，试图逃跑。一个基督徒如果目睹此情此景，必定十分难受。在基督徒看来，狗是人类忠诚的朋友，猫又是那么可爱，还可以抓老鼠。史书中曾有把猫肉制作成美食的记载。我们刚才看到的是中国东北边疆地区的野猫，它们被带到中国大城市的市场上，最终成为人们餐桌上的美味。市场上，田鼠肉的卖相还不错，清理得干干净净的胸脯肉被切成长条，串在钎子上，成排地挂在扁担上。"

　　外国人关注到中国民间有一部分人吃猫。实际上中国民间吃猫肉，唐代就有类似记载。《酉阳杂俎》中，就有一个"常攘狗及猫食之"的长安恶少年李和子，后来被他吃掉的数百只猫狗在地狱联名举报而毙命。南宋名将岳飞之孙岳珂的《桯史》（卷第十二）中记载，他辛未岁（1211）在杭州做官，家住旌忠观前。

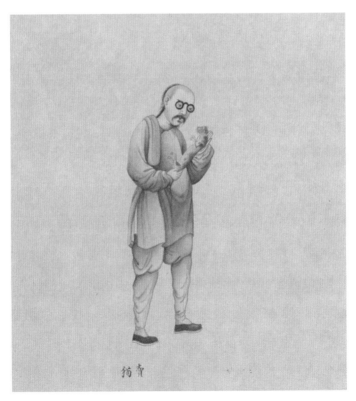

18世纪晚期外销画中的卖猫人，荷兰国立世界文化博物馆藏

19世纪初外销画中的卖猫人，奥地利国家图书馆藏

"素蓄一青色猫，善咋鼠，家人咸爱之。一日正午，出门即逸去，购求竟不获。"这只猫出走之后，岳珂时常跟人提起寻猫的话题，有位熟悉市井生活的朋友告诉他："内北和宁门，实有肆其间，号曰'鬻野味'，直廉而肉丰，市人所乐趋。其物则市之猫犬类也，夜胃犬负而趋，犹幸不遇人，若猫则皆昼攫。"就在南宋实际上的首都杭州的皇宫的北门和宁门附近，就有一间号称专卖野味的"鬻野味"店，卖肉价低而肉多，所以很多人都去这

里消费。事实上这里买的肉类，都是从人家偷来的猫狗。偷狗一般是趁着夜色，偷猫则完全是明目张胆，大白天抓了就走。这些人偷猫有丰富的诀窍，"都人居浅隘，猫或嬉敖于外，一见不复可遁。每得之，即持浸户外防虞缸桶中，猫身湿辄舐，非甚干不已，以故无鸣号者。有见而逐之，则必问以毛色，自袖出其尾，皆非是。传闻其手中乃有十数尾，视其非者而出之。都人习尚不穷奸，虽知其盗，以为它人家猫，则亦不问也"。当时住在临安的人家，房屋往往不算很大，猫经常在屋外嬉戏打闹，一旦被这些人遇到，就很难逃走。他们如何应对猫叫呢？一抓到猫，就在街道上的防火缸桶里浸泡一下，猫的习性是身上毛湿了就会去舐毛，一直到毛都干掉，因此也就顾不上叫了。猫的主人丢了猫，自然也会到处寻找，正好遇到他们怎么办呢？他们在袖子里藏着十多种猫尾巴，猫主人如果质问是不是偷了自家的猫，他们就拿出一根猫尾巴来，告诉主人根本不是你家的花色。

靖康之变中，临安城的百姓饿到极致，也有吃猫的记载。

《本草》云："猫肉不佳，不入食品。故用之者稀。"清代《猫苑》记录当时学者对食用猫肉的看法，黄香铁云："余乡人多喜食猫肉，谓可疗治痔疾。"陶文伯云："猫肉食者甚少，惟铁匠喜食之，以其性寒，可泄积热。"张德和云："罗定州人皆喜食猫肉，与嘉应州人喜食犬肉同，岂其别有滋味耶？"《猫苑》的作者黄汉经过反复分析，认为"食猫肉之有损也"。

古人食用猫，还有一种情况是将猫肉作为药材。《名医别录》

中记载:"猫肉,味酸温无毒,治劳痋、鼠瘘、蛊毒。凡预防蛊毒者,自少食猫肉,则蛊不能害。"猫骨也是一种药材。唐李绰《尚书故实》载:"荀舆能书,尝写《狸骨治劳方》,右军临之,至今谓之《狸骨帖》。"方以智《物理小识》中说:"按《本草》,惟猫头骨治蛊毒、心腹痛杀虫,盖古方多用狸,今人多用猫。虽二种而气性相同,故可通也。"猫头也被视为一种药材,《太平圣惠方》载:"猫头,收敛痈疽。"《邵真人青囊杂纂》中说:"鼠咬疮痛,猫头烧灰,油调敷之。"《本草纲目》中认为家猫头"甘、温、无毒",用猫头烧灰治疗多种病症,例如"用黑猫头一个,烧灰,每服一匙,酒送下。一天服三次",治疗"心下鳖瘕";"用猫头骨烧灰,酒送服三钱即止",治疗"多痰发喘";"用猫头、蝙蝠各一个,都加上黑豆,烧存性,共研为末,敷患处。其疮已干,则调油涂搽",可以治疗"多年瘰疬"之类。明代高濂《遵生八笺》中记录的一个"治疮口久不收敛方",便是"猫头骨、狗头骨,上烧灰,各等分为末。净洗,干糁即收"。猫生子时的猫胞衣也被视为一种药材,《雷公炮炙论》中记载:"猫胞衣,治反胃、吐食。"《古夫于亭杂录》中说:"猫胎(胞)衣,阴干,烧灰,温酒服之,治噎塞疾。然猫生子后即食胎(胞)衣,必伺而急取,方可得。"

但通读古代史料,食用猫在当时社会也是极为罕见,只发生在极少数人中,绝非常态。

明清两代朝鲜使团频繁来华,使团有关人员将其在华时的所见所闻著录成书，这在朝鲜的历史上被统称为《燕行录》。最早的《燕行录》著述的时间开始于明崇祯十年（1637），今所能见到的是金宗一写的《沈阳日乘》，而能见到的最晚的著作则是清光绪十四年（1888）无名氏的《燕辕日录》。这些《燕行录》大多以汉文写成，其中不乏他们在华对猫的记录。

明嘉靖年间朝鲜李朝苏世让（号阳谷）的《阳谷赴京日记》中，嘉靖十一年（1532）二月二十二这一日便记载"有僧畜一猫，毛长数寸，白身黑尾，名曰狮子猫"，显然这种狮子猫在朝鲜极为罕见，以至于苏世让大感新奇，专门在日记里记录一番。和苏世让同行的苏循，在其《葆真堂燕行日记》中，于同一天也专门记录了这只猫："日午投别山店观音殿午饭，老僧一二头居焉。僧有猫黑尾白身，毛长一寸许，名曰狮子，见甚奇怪。"

当时百姓养猫极为普遍，据嘉靖年间朝鲜使臣申忠一的《建州见闻录》记载，他见到当时东北地区"家家皆畜鸡猪鹅鸭羔羊犬猫之属"，普通百姓都将猫视为家中重要组成部分，而赵澂的《朝天录》中记载，天启二年他来中国，见到从德州到天津的卫河（南运河）上舟船往来不绝，"船人之来往者并带妻子，故鸡犬豕猫无不载之"。中国驯养的猫和鸡犬和平相处，这也让朝鲜使臣大为惊讶。李押《燕行记事》中有乾隆四十二年的一则日记，其中感慨"猫则皆是色黄，不知食鸡，与鸡同栖，且抱鸡雏而宿，狗与猫亦不相斗，此甚可异。中国畜物自古如此"。康熙年间朝鲜崔锡鼎的《椒余录》中还收录了崔氏与他人关于风俗的联句，其中有一联便是"荷锄或备盗，养鸡不防狸"，这里的狸就是指猫，作者在小注里特别说明："鸡猫同居而不相害。猫一名狸奴。"当然，大部分中国人家养的猫都是寻常品种，一位佚名朝鲜使臣写于道光八年的《赴燕日记》中，有"猫有乌、白、黄斑诸色，而家家蓄之，未有异种"的记载。

这部《赴燕日记》中还记录了他看到的动物市场，市场销售特别在意声音，所有的动物身上都要挂上铃铛，驴马之类动辄悬挂几十个铃铛，鸽子身上也挂小铃铛，猫犬之类也不例外，"市场亦浩，盖贵其声也。驴马类皆悬铃绕颈，金铃多至数十个。或悬火铙铃一个，步步铿鸣。鸠鸽皆有小铃，众鸽飞天，如笙如啸，声出空中。犬猫之属，亦皆悬铃"。

朝鲜使臣的记录中，还保留了一些地区的特殊民俗。中国汉代以来有所谓畜日、人日之说，传汉东方朔《占书》云："岁正月一日占鸡，二日占狗，三日占猪，四日占羊，五日占牛，六日占马，七日占人，八日占谷。皆晴明温和，为蕃息安泰之候，阴寒惨烈，为疾病衰耗。"《占书》未必是汉代的文献，但《北史·魏收传》引董勋《答问礼俗》曰："正月一日为鸡，二日为狗，三日为猪，四日为羊，五日为牛，六日为马，七日为人。"可见这一传说最晚在南北朝时期就已定型。《太平御览》卷三十引《谈薮》注云"天地初开，以一日作鸡，七日作人"，将其起源直接追溯到原始创世神话。自南北朝开始，人日是重要的民俗节日之一。在中原地区，初一到初七对应的动物基本都是固定不变的，但朝鲜使臣来华时见到一些地区的习俗则与此不同。崇祯年间洪镐《朝天日记》中记载，他见到一件批文的落款是"菜日"，他不知道这是哪个日子，请教其他人才知道这是正月初十。问及缘由，对方告知"在《五行书》，每岁元日为鸡，二日为犬，三日为猫，四日为兔，五日为马，六日为羊，七日为人，八日为谷，九日为粟，十日为菜，其日晴则吉、阴则夬"，这个排列和大部分地区的传统很不一样，其中最有特色的就是以正月初三为猫日。在今天的东北以至山东等地，都以初三为猫日。从《燕行录》来看，至少明朝末年已是如此，但这个民俗在中国本土明清的风土文献中反而没有得到记录。

那些会说话的猫

　　与明代笔记偏好现实主义题材不同，清代笔记里的猫故事，多了不少猫作人语和鬼怪灵变的内容，这也是清朝前中期许多小说文学的一大特色——托寓鬼神，而不议时事，显然和当时的政治环境密切相关。康雍时期孙之𫘤编撰了一部名为《二申野录》的书，其所记内容始于明洪武元年戊申（1368），终于崇祯十七年甲申（1644），故以"二申"为名。其中提到明代山西巡抚家有一只猫，毛色灰黄，比寻常猫体型更大。有天关在房间里的猫忽然开口说人话，喊"小官人，小官人……"，他们家有个门房名叫"小郭儿"，大家听猫的声音又好似在喊这个门房。叫到晚上，又吸引了另一只一样花色的猫来。不久人们惊讶地发现，两只猫都死在了屋顶上。这个故事现在看起来并不离奇，一些猫的简单音节的叫声，偶尔略似人声，是很正常的现象。到了清代笔记小说里，猫的说话便变得更加神秘而灵应了。

　　成书于乾隆年间的笔记小说集《夜谭随录》中记录了"猫怪"三则，都有猫说人话的情节，前面唐代章节介绍了其中第一个故事，这里再说说后面两则。

　　第二则故事是说，作者有一亲戚家喜畜猫。有天听到人言，仔细一看居然是猫。大为惊骇，把猫绑起来鞭打，询问它说话的缘故。猫说："猫其实没有不会说话的，只是因为犯忌，平时都不敢说话而已。今天偶尔失口，真是追悔莫及。尤其是母猫，绝没有不会说话的。"这家人不信，又绑起来一只母猫，鞭打让它说话，母猫最初只是一边嗷嗷叫，一边目视前面那只猫。前猫说："我都不得不说话，何况是你。"于是这母猫也开口说人话求饶。这家人这才信了猫都会说话，把两只猫都放了。但后来他们家还是发生了很多不祥之事。这个故事在《清稗类钞·迷信类》中也有收录，只是故事安排在了"永野亭黄门之戚串家"，略有出入，说他家"有猫，忽作人言，大骇，缚而挞之，求其故。猫曰：'猫无有不能言者，但犯忌，故不敢耳。若牝猫，则未有能言者。'因再缚牡猫挞之，果亦作人言求免，其家人始信而纵之"。

第三则故事则是说，护军参领舒某喜咏歌，行立坐卧，都要唱歌。一日，友人过访，在房间内欢饮，到了二更时分，两人还歌唱不停，忽然听到户外有细声在唱《敬德打朝》，仔细聆听，字音清楚合拍，妙不可言。舒某只有一个仆人，平素从来不会唱歌，这会儿听到这歌声，难免心怀疑问。舒某偷偷溜出去一看，则见一猫人立月中，既歌且舞。舒某惊呼其友，猫已经跳到了墙上。用石块砸过去，猫已经一跃而逝，而余音犹在墙外。

乾隆年间乐钧的《耳食录》中，也有一篇名叫《猫言》的小故事。某公晚上准备睡觉，听到窗外人语，偷偷起来窥看。此时星月如昼，安静不见人影，原来是他家的猫与邻居家的猫在说话。邻猫说："西家要娶妇，何不去看看？"家猫曰："他们家的厨娘很会藏吃的，不值得我去一趟。"邻猫又说："确实是这样，但姑且去看看，又没啥坏处。"家猫又说："没啥好处。"邻猫反复邀请，家猫坚决不去，你来我往好多次。邻猫后来跳上墙离开，还遥呼："你来！你来！"家猫不得已，也跃上墙跟了过去，曰："聊且陪你去吧。"某公听了这段对话，大为惊讶，第二天就捉着自家猫准备杀掉，责备说："你是个猫啊，怎么能说话呢？"家猫回答说："猫确实能说话，实际上天下所有的猫都会说话，不是我一只猫而已。您既然不喜欢，我以后再也不说了。"某公听到它说了这么一长段话，勃然大怒："你果然是个真妖怪"，抢起棍子就要打死。猫大呼说："天乎冤哉！我真是无辜的！既然您如果一定要杀我，不如听我最后说一句话。"某公问："你还有什么话说？"猫说："如果我真是妖怪，您哪能抓得住我？我不是妖怪，您却杀了我，我死后变为厉鬼，您那时候还能杀我吗？再说，我一直辛苦为您抓老鼠，也对您有一些微薄的贡献。有贡献却被杀掉，岂不是不祥吗？再说了，老鼠们一旦听说我被杀了，肯定拖家带口，到时候家里装粮食的地方、装书的地方都会被老鼠啃咬，那时候您想安眠一个晚上都很难了。何不放了我，让我得效爪牙之役，以此来报答您的不杀之恩！"某公听完，笑着放了猫，猫就跑掉了，但此后也没有发生什么怪异的事情。

在大多数笔记中，猫说人话的现象，多会被故事的人类主人公引为妖异，并视为不祥之兆，恨不能除之而后快。这些不愿意听猫说话、并对说话者实施了制裁的家庭，基本都遭受了"斯怪作也"的后果。五代《玉堂闲话》和清代《夜谭随录》中的猫怪便是典型。而那些不把猫说话当成妖异的家庭，则并无异常发生，反而家业长青。清钱泳《履园丛话》里提到的"新城王阮亭先生家"和"江西某总兵衙门"就是典型案例。

新城王阮亭（清初文坛大家王士禛）家有一只猫"能作人言"，而王家也从不以之为异，因此这只猫说话也并不遮掩。一日，猫正在榻上打盹，有好事之人问猫会不会讲话，猫回应说："我能不能说话，关你什么事？"也大概因为钱家从不"见以为怪"，所以"子孙至今繁盛，旧地犹在"。

江西某总兵衙门里也有一只说话猫。有一次总兵听到猫们的对话后，就捉住其中一只，被捉的猫当即对总兵说："我活了十二年，恐人惊怪，不敢说话。您要能饶过我，就是大恩大德也。"总兵爽快地放走了猫，此后府中"亦无它异"。

会说话的猫也会和人做朋友，《清稗类钞·迷信类》中记载了一个故事："光、宣间，通州郭季庭家居，闻州人某畜一通灵老猫，能为人语，初不信，试往觇之。甫至门，即闻猫呼曰：'郭季庭，不信猫能作人语乎？'郭大骇，因就询之。猫自云寿已千余，辽金时事，犹昨日也。郭问何所服食，长寿乃尔，猫云：'吾于人间物，所嗜惟酒耳。'郭因取佳酿与共酬酢，饮乃无算，以此遂成莫逆交。"光绪、宣统年间，通州郭季庭听说有人家的老猫会说话，不相信要去看看，刚到人家门口，就听

清　沈铨　《老圃秋容图》

到猫跟他说："郭季庭，你不信猫会说话吗?"郭季庭大为震惊，就跟老猫交谈，老猫告诉他自己已经活了一千多年，聊到辽金时期的事情，老猫就好像在讲昨天的事一样清晰。郭季庭就问老猫平时服用什么灵丹妙药，居然能够如此长寿。老猫告诉他，人世间的东西，它唯一还恋恋不舍的，就是好酒罢了。于是郭季庭拿出珍藏美酒和它共饮，一人一猫从此结为莫逆之交。

猫的报恩：明清义猫故事

《猫乘》中将猫的妖怪化类型分为义、报、言、化、鬼、魈、精、怪、仙九种类型，通灵的义猫也是古人笔记中最常见的主题。和唐宋时期的义猫主要是哺乳其他猫的孩子不一样，明清时期的义猫，已经跳出了同类之间的仁义，更是以自己的忠诚尽可能感恩和回报主人。还有一些猫在主人去世后，会选择以身相殉，永远陪伴主人。

猫始终要回到主人身边的故事，以明王同轨《耳谈》中的"义猫"为代表，是说他曾因为家中闹老鼠，就借了杨潮家的猫。当时借猫有习俗，要盖住它的头部，怕它认路跑回原主人家去。这只猫到家后，很快消灭了鼠患，过了几天，听到家里狗叫，再一看，这只猫不见了。过了三天三夜，这只猫又自己找回到了杨潮家，回家的路历经艰难，到家时"皮毛淋漓，饥疲酣眠"，极为可怜。从他家到杨潮家，中间隔着数万人家，不知道这猫是历经了怎么样的艰难才回到家的。

而报恩类型的义猫故事，最早见于明万历年间王圻编纂的《续文献通考》，稍晚的王同轨《耳谈》、朱国桢《涌幢小品》等书也都收录了这则故事。故事的梗概是说，苏州陆慕有个小民因为欠了官租还不上，只能离开自己家出门躲债，只有养的一只猫留在家里，被催租人捉了去，卖到了阊门徽商开的铺子里。徽商非常喜欢这只猫，养了一年多。有天这个小民正好路过这家铺子，在人群的嘈杂声里，猫认出了自己的主人，一下子兴奋地跳到他的怀里。铺子里的买主看到了，上前来又抢走了猫。猫悲鸣不已，一直回头顾视老主人。小民晚上在一只小船上过夜，忽然听到甲板上有声音，推开舱门一看，正是自己家的猫。猫嘴里叼着一只丝绸小袋，里面装着五两多银子。这个小民本来贫穷已极，得到银子大为高兴。第二天早上见到有卖鱼的，赶快买了鱼来喂猫。他太感谢自己的猫，一直喂个不停，猫因为肚子不舒适而死掉了。小民哀泣不已，哭着埋葬了它。这则故事流传很广，清代的《坚瓠集》《猫乘》《衔蝉小录》《猫苑》等书都有记录。

清代吴炽昌的《续客窗闲话》（卷七）中也记录了一则《义猫》故事。武林（杭州）金氏是望族，代有闻人。金家一位老人，救死恤生，利人爱物，至诚恻怛，人们都很尊敬他。但命运不济，人到中年却家道中落。有年夏天在院子中纳凉，看见一只饥肠辘辘的猫儿快要饿死了，老人见了于心不忍，自己起身去喂它东西吃。从此以后，这只猫也不去其他地方，每天恋恋不舍蹭在老人身边。老人虽然家境已经中落，每顿还是喂它肉食。自己外出不在，则会反复叮嘱家人务必尽心爱养。因此猫渐渐肥健，能捕鼠，家里的粮食不再因为老鼠而耗失。这年秋涝，粒米无收。老人家没有吃的，借贷无门，家中贵重的东西典当已尽，一家人搔首踟蹰，只能相对而泣罢了。猫更是无从得食，饿得在主人身侧嗷嗷叫。小女儿忍不住责骂它："人尚且没有饭吃，你还想吃到东西吗？主人穷困至此，心烦意乱，你不念平日养育的恩勤，想着何以报德，反而嗷嗷乱叫，让人更加烦憎。"猫呦地叫了一声，好像在回应，一下子跳起来爬上屋顶而去，大家都觉得奇怪，老人见了也破涕为笑。不多时，猫又回来了，嘴里衔着一个东西掷到老人怀中，老人一看，原来是女性用的抹额，上面缀着东珠二十余颗，光明圆正，大如芡实，价值千金。老人大惊失色，又喜又惧，说："猫虽通灵，但毕竟是窃取之物，不但污我品行，而且失物的人家，难免因此冤枉婢女仆人，性命攸关，这可如何是好？"

妻女说："您说的虽然很对，但正如《孟子》中记载的，陈仲子不食兄禄，不居兄屋，不食他人馈兄之鹅，饿得爬到井边吃金龟子吃剩的李子。井边之李，也不是无主者，廉士尚且取之，这正所谓饥不择食。况且这东西从天而降，必是天神怜悯你的境遇，借此物来接济你，又岂能完全是猫的行为呢？不如先典当换粮，让我们渡过眼下的难关，同时私底下寻访失主，一旦寻访到了，就把事情原原本本告诉他，就算我们借他的，到时候一起还给人家，这样也不算太伤害德行。"老人不得已，姑且听从了妻女的意见。第二年遍访失主，完全没有打听到丢失此物的人家。有人说："这是当年某个极为富贵的人家的殉葬物，后来家族衰落，没有很好维护祖宗墓地，墓崩棺坏，因而猫从中取出来的。"也有人说："有妇人想嫁给一个浪荡子，把这件东西藏在屋顶，是为子女准备的后手。但没有来得及交代就因急病死掉了。猫取来了，是没有关系的。"大家纷纷议论，说前面两个人说的好像都有道理，总的来看，总归像是上天对他善良的赏赐。老人因此放下心来，把这些东珠赎回来后出售掉，以这笔钱为第一桶金，从此东山再起，子孙兴旺发达。他们家每代都继承祖训，喜爱养猫，一定要用好的肉食喂猫。他们家族有官到宪司的，署中猫有数十头，出入随从，专门安排了喂猫之人，至今不衰。这个故事也流传很广，《猫苑》中也收入了这个故事，只有个别细节略有不同，并说这事在杭州几乎无人不知道。

清 钱慧安《宜春迪吉图》

这种猫报恩的故事也流传到日本等国，影响了他们的志怪文学。日本明治时期著名的汉学家、诗人、画家石川鸿斋（1933—1918）的《东齐谐》(《东齐谐》其实是其名作《夜窗鬼谈》的下册，《夜窗鬼谈》和《东齐谐》分别被称为日本的《聊斋志异》和《子不语》) 中，就创作了一则《义猫》故事：府下两替町有一个时田氏，家颇富豪，一位鱼商每天早上来时田家送新鲜的鱼。时田家有一只老猫，每次都等着鱼商来求食，鱼商也很喜欢它，每次都要给猫一两条小鲜鱼。有段时间鱼商患病，十多天没来。老猫似乎察觉到鱼商家条件困难，就从时田家叼来了一枚金块来到鱼商家，悄悄放在了他的枕头上。鱼商发现金块大为惊讶，但因穷迫已极，正好拿着它来充当药钱。老猫后来又叼着一枚金块，刚要出门，忽然被家人发现，捉住打了一顿惩罚它。第二天，时田家的主人假装睡觉，老猫蹲在他身边，看着他睡熟了，偷偷打开箱子，准备偷一块金子。主人捉了个现行，抓住它交给仆人，说"这是妖猫，对家族不利"，于是扑杀了这只老猫。后来鱼商又来，这次是因为久病，家中值钱的东西都没有了，想来借点钱。先问主人猫还好吗？主人告诉他前因后果。鱼商哭泣说："这是因为我的缘故才殒命的啊"，他跟主人讲了老猫有天叼着金块给他的事，主人这才明白，原来猫咪偷钱，是为了给鱼商报恩。于是把猫当时准备叼走的钱都给了鱼商，又请他厚葬了这只猫。

在日本猫的报恩故事还有不少，例如著名的豪德寺，据说就是寺院住持所养的猫为了报恩，在路边招手，将路过的彦根藩主井伊直孝请入寺庙，使得寺院有机会成为井伊家的菩提寺。后来寺院建有招猫殿来安放招猫观音，至今仍是著名的景点。其他的故事这里不再赘述。

猫为主人殉葬的故事最早也出现在明代文献中。明代张大复在其《梅花草堂笔谈》中记录了万历年间自己家的猫为亡故父亲断食殉死的故事。他的父亲曾从济上得到了一只黑尾的白猫，捕鼠十分厉害。张父对此猫尤其宠爱。宠爱到什么程度呢？一家人吃饭之前，张父一定要先喂猫，即便有重要宾客在场，这个习惯也雷打不动。八年后，张父过世，猫躲避在仓中不见了踪影。一直到三天后张父出殡，这只猫儿才无精打采地从仓库里出来，伏在张父棺柩的左侧，哀鸣不已。家人给猫喂食，猫终不食，五日后猫儿终于断食而死，追随主人而去。《集异新抄》中记载了明代长洲徐存石所养的猫叫雪燕，主人病危无法吃东西，雪燕也好几天不肯进食。等主人去世入殓，它对着遗体悲鸣不已，一夜不止，第二天便投井而死。

这种猫咪殉主的故事，在清代的笔记中也多有记录。据《扬州画舫录》记载，扬州见悟堂方丈道存石庄法师生前养了一只猫，"及师死，卧遗骺中，七日不食而毙"，石庄的徒孙甘亭法师将其葬在寺院的后门外，称之为"义猫坟"。袁枚《子不语》中记载："江宁王御史父某有老妾，年七十余，畜十三猫，爱如儿子，各有乳名，呼之即至。乾隆己酉（1789），老奶奶亡，十三猫绕棺哀鸣。喂以鱼飨，流泪不食，饿三日，竟同死。"

《子不语》中这个故事很类似《清稗类钞》中收入的"十九猫殉主人"一事，说官至太子太保的汪廷珍的次子汪报闰，他的妻子养了二十多只猫，各自取有名号，呼之辄至。妻子非常爱护这些猫，经常自己亲自制作香饵来喂猫，如果猫不吃饭，自己也就不吃饭。妻子去世后，猫号恸不食。在遗体入殓时候，猫跃入棺中，伏在遗体旁寂然不动。人们把它们赶出来，则傍棺哀鸣，泪如雨下。不数日，这些猫有的自投水池，有的跳入灶洞，十九只猫都追随女主人而去。

《转劫轮》中记载，南京一位官员弟子，酒色浩荡，先人产业败落，无力为生，有天准备了酒食跟妻子诀别，准备自尽。家中的猫本来在桌前嗷嗷求食，但夫妻相对落泪，很快就自缢而死。猫这时候哀鸣不已，满桌肉食也丝毫不去碰触，连着哀叫好几天，也绝食而死。《讱庵偶笔》中记载，有人因为生病，一吃东西就吐，家里的猫总是吃主人呕吐的食物。主人后来去世，猫在棺前哀鸣七天，绝食而死。

晚清《点石斋画报》中有一则《猫犬同殉》的新闻，是说常郡鼓塘桥一位老妪，年已八旬，零丁孤苦。家有一猫一犬，性甚驯良，善解人意。老妪非常宠爱它们，一有空暇，就抚摩备至，称之为猫奴、犬婢。前日傍晚，老妪入灶煮饭，年老健忘，遗火积薪，火灾突然爆发，老妪龙钟老态奔避不及，不幸葬身火窟。当时救火的人，瞥见猫与犬惊号数声，直扑火内，就好像知道老妪死在那里，要以身殉之一样。

　　再如徐岳《见闻录》中所记载的一则猫殉主人的《义猫记》，是说山西一带有个富人，养的猫特别聪明，"其睛金，其爪碧，其顶朱，其尾黑，其毛如雪"，颜值也很高。主人非常爱惜，吃饭睡觉都跟它在一起，猫也很亲近主人，主人病了它就卧在身侧，主人出门它就在门口等候，感情亲昵好像亲父子一般。同乡有个贵人，见到这只猫后也非常喜爱，想出千金来购买，主人不肯，贵人又提出拿自己的骏马来换，主人还是不肯，贵人更进一步，提出用自己的爱妾来换，主人还是不肯。于是贵人非常震怒，便诬陷猫主人结交盗贼，要让他家破人亡，主人还是不肯让出自己的猫。经历这次变故，猫主人带着猫逃到扬州，投靠了一个巨商。巨商也爱这只猫，百计求之不得，便准备用毒酒来毒死猫主人，但每次倒酒，都被猫给打翻，屡次倒屡次被打翻，猫主人也发觉不对劲，连夜带着猫又逃走了。路上遇到一位故人，跟着他的船一路北行，在黄河上不慎失足落水，船上的人救之不及，没有把他救回船上。猫见主人落水，叫号不已，也跟着跳进了水中。这天晚上，这位故人梦见了猫主人给他说："我与猫都没有死，现在在天妃宫。"故人找到天妃宫，发现了猫主人和猫的尸体，将他们葬在了一起。古人深受这个故事感动，徐岳感慨："呜呼！虫鱼禽兽，或报恩于生前，或殉死于身后……若猫之三覆鸩酒，何其灵！呼救不得，殉之以死，何其义！又岂畜类中所多见者耶！然其人以爱猫故，被祸破家，流离异域，复遭鸩毒，非猫知几，先有以倾覆之，其不死于毒者几稀矣。及主人失足河流，叫跳求援，得相从于洪波之中，以报主人珍爱之恩。以视夫为人臣妾，患至而不能捍，临难而不能决者，其可愧也夫！其可愧也夫！"在他看来，这只猫是灵猫和义猫的杰出代表，它和主人的感情，让很多人的所谓亲情都相形见绌，让人类也深感惭愧。后来徐谦的《物犹如此》一书中，特别为这只猫赋诗："识疏捍主憾如何，烈烈灵风黯黯波。无数神鸦迎水府，天留正气壮黄河。"

后　记
狸奴虽小策勋奇

　　故事始于2016年10月，当时南京大学法语系黄荭教授翻译出法兰西学院院士、被称为"骨灰级猫奴"的弗雷德里克·维杜（Frédéric Vitoux）的《猫的私人词典》，在南京先锋书店组织了一次新书分享活动，邀请了南大几位老师和我去担任活动嘉宾。在这部猫词典中，作者以轻松幽默的笔触描绘了人与猫之间涉及文学、艺术、历史、战争、戏剧、音乐等各领域的奇妙轶事，当时在场的各位老师都围绕自己养猫的经历，结合学术专业做了不少精彩有趣的发言，这让出身中国古典文献学的我觉得大为震撼且深受启发，脑子一热，在现场宣称以后也要写一本关于中国猫文化史的书。我当时觉得这部书应该最多一年就能脱稿。惭愧的是，这部书一写就断断续续六七年，直到今天才定稿。唯一值得庆幸的是，本书的写作算得上有始有终，因为黄荭教授特别为本书撰写了一篇精彩的序言。

　　我们都知道，中国古代已经有一些关于猫的专著，最早的是署名俞宗本的《纳猫经》。俞宗本实际上就是元末明初著名学者俞贞木。这部《纳猫经》全文不到一百字，文字大都因袭前代"通书"或居家日用类书中的相关内容，自然是书坊托名的伪作。此后清代又有署名沈清瑞的《相猫经》，序言和正文也不过数百字，看起来也是书商伪造。真正成熟的"猫学专著"有三部，最早的是嘉庆三年（1798）王初桐的《猫乘》。王初桐一生著书六十多种，涉及门类极为广泛，他的《猫乘》是我国第一本关于猫的谱牒类著作，王初桐摘抄辑录了自先秦以来和猫有关的各种文字叙述，"抄胥采录，积久成帙，削繁去冗，分门析类"，将经史子集、传记和百家之书中他能够寻到的材料，分门别类编为八卷，虽谈不上全面，但初步汇集了古代猫史的基本材料。晚于王初桐的《猫乘》问世一年，杭州一位时年十七岁的少女诗人孙荪意完成了自己关于猫的专著《衔蝉小录》，这本书体例精当，搜罗丰富，也分为八卷，对了解古代猫文化很有帮助。《衔蝉小录》质量很高，在当时却流传不广、影响不大，几十年后的咸丰二年（1852），另一部关于猫的专著《猫苑》问世时，作者黄汉就称"惜此《衔蝉小录》一时觅购弗获，无从采厥绪余"。相较而言，黄汉的《猫苑》材料最为宏富，除了广收经史子集及汇书说部中与猫相关的条文典故、笔记传说、诗词品藻之外，还收录了许多"猫友"的议论品评。最让人感慨的还是他写的自序，喊出了"人莫不有好，我独爱吾猫"的口号。

这部书就是在古人著作的基础上撰写而成的，当然也借着数据库技术和出版技术的便利，我们又搜罗了不少古代"撸猫"新材料，加以现代学术的视野和方法，期望能够后出转精，在前人的基础上更进一步，和读者朋友们一起穿越千载，感受"撸猫"文化的前世今生。

　　包括家猫在内的动物总是"无言无语"的，也不会留下文字记录，但我们很难想象没有动物的人类文明。动物也是人类文化的重要参与者，甚至在某种意义上，人的特性只有通过动物才能感知。美国亚利桑那州立大学陈怀宇教授的研究显示，20世纪80年代以来，以基恩（Hilda Kean）《动物权利：自1800年以来英国的政治与社会变化》和瑞特沃（Harriet Ritvo）《动物产业：维多利亚时代英格兰的英格兰人与其他众生》这两部著作为标志，"动物史"的研究开始蓬勃兴起。相关的探索，有一般性表述动物史（Animal History），还有历史动物研究（Studies on Historical Animal）、动物研究（Animal Studies）、人与动物研究（Human-Animal Studies）、批判动物研究（Critical Animal Studies）、人类动物学（Anthrozoology）、环境人文学（Environmental Humanities）等等。

　　在今天，动物史的研究呈现多元的路径，涉及多种可能的历史。根据英国思克莱德大学艾丽卡·富奇（Erica Fudge）教授的分类，既有侧重探讨人类如何理解和书写动物并用之来建构中世纪人类的自然观和宗教秩序的智识史（Intellectual History），也有侧重从动物的角度来讨论人的生存处境和状况的人文史（Humane History）。更具有思辨性的是整体史（Holistic History），在讨论人与动物的传统研究理路基础上，又从动物的角度去重新思考人与动物的关系，从而分析动物如何参与并塑造人类的社会、文化生活，并帮助人类重新定义自己。

国内关于动物史研究的作品很少，我们这部颇具通俗气质的书当然也谈不上是一部动物史研究的著作，但在撰写的过程中，猫如何参与、改变人类生活，并引导人类进一步认识自己，确实是我们关注的一个重要视角。宋人罗大经有诗云"狸奴虽小策勋奇"，猫儿虽小，却是人类可以感知自我特性的绝佳参照。

我读书时所学的专业是古典文献学，工作以后最早出版的几本学术著作，也是关于古典目录学的书籍，读起来实在是索然无味。最近几年，我对古人的日常生活越来越有兴趣，陆陆续续写了好几部相关的书。这部撸猫史，以史为纲，从先秦写到清代，共分为八章，也是希望通过作为媒介的猫，探索古人生活和文化变迁中的细节。为了书籍更加生动，我们还在数百幅古人猫图中遴选了近百幅作为插图，又选取了两百首古人咏猫诗词加以注释解读，希望可以从中一窥古人养猫的精神世界。

本书的撰写，参考了海内外不少学者的成果。除了前述古人的猫谱类作品，再如日本学者关于中国猫文化的著作，像上原虎重《猫の歴史》（1954）中的《漢民族と猫》，木村喜久弥《ネコ：その歴史・習性・人間との関係》（1958）、渡部义通《猫との対話》（1968）中涉及中国猫史的内容，尤其是永野忠一的《日中を繋ぐ唐猫：中国の猫文化史》（1982）和今村与志雄的《猫談義：今と昔》（1986），都讨论了中国的猫文化史，后藤秋正的《〈猫と漢詩〉札记--古代から唐代まで》（2007）等文章讨论中国诗歌中的猫，都很有参考价值。西方学者撰写了数百部关于猫的历史文化的图书，大都对中国猫文化的讨论付之阙如或着墨不多，但关于西方家猫文化的内容，对我们也很有触类旁通的启发。近代以来中国没有关于猫的历史文化的专书，但有不少关于猫的考古、艺术、民俗和宗教方面的精彩论文。本书的顺利撰写，离不开前人这些宝贵的研究成果，要特别表达谢意。

　　本书的顺利完成，要特别感谢共同作者李嘉宇女士。嘉宇和我是南京大学文学院本科期间的同班同学，她是远比我资深的"猫奴"，我家里最多的时候不过有五六只猫儿，其中大部分还是大猫刚刚产下的猫崽，而她家总是猫影重重。本书走进猫咪文化世界的尝试，要归功于嘉宇和猫星人的格外默契。

　　还要特别感谢中华书局和本书的编辑傅可老师，我生性慵懒，若非傅可老师的反复督促，这部书可能要再晚好几年才能面世。感谢黄荭教授在最忙碌的季节阅读书稿并撰写了精彩的序言，为这部缘起于黄老师当年猫书分享会的作品，能够画上一个圆满的句号。

2023年7月23日

侯印国于南京小自在斋

时值古人六月六日"浴猫节"